NF文庫
ノンフィクション

軍馬の戦争

戦場を駆けた日本軍馬と兵士の物語

土井全二郎

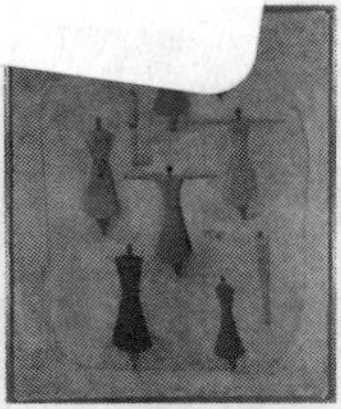

潮書房光人新社

まえがき

その昔、「兵馬の権」という言葉があった。「兵馬」は、この場合、兵隊と軍馬、すなわち「軍隊」「軍事」を意味した。かつての軍隊が兵隊と軍馬で成り立っていたことが分かる。馬は軍隊にとって極めて重要な存在だったのである。

乗馬（騎兵）、輓馬《ばんば》、駄馬《だば》と、その用途は多岐にわたった。

だが、時代と共に次第に自動車両にその座を奪われていった。元騎兵将校の集まりである萌黄会編『あ、騎兵』によれば、わが国においても昭和十五年（一九四〇年）九月、あの「花形」をうたわれた騎兵隊の兵科が撤廃され、新しく「機甲兵種」として自動車部隊が登場するに至った。騎兵隊の一部は、馬を使った捜索隊あるいは捜索連隊として規模も組織も変わり、歴史を誇った騎兵連隊の厩舎も車廠に改装されていっている。

輓馬と駄馬の場合はというと、わが国のいわゆる戦記物を読むとき、日中戦争や太平洋戦争においても、この面で依然として軍馬が重用されているのに気づく。なぜだったか。日本の自動車産業の未発達があげられる。その一方で、軍馬の主戦場であった中国大陸における道路網の未整備、悪路続きの状況が指摘されている。馬ならどうにか移動できるのだが、当時の自動車では泥んこ道で立ち往生してしまうのである。

そんな具合なのだが、どちらかといえば、前者の自動車産業の未発達、未成熟さ加減が、輸送用としての軍馬重用の大きな要因とみるのが正解に近いのではあるまいか。

かくて、わが国における「馬と兵隊」の物語は長く続くことになったのだった。

本稿では、この自動車産業云々に関しては触れる余地がないので、ここでほんの少しだけ手元の自動車部隊関連の資料を紹介してみると、次のような記述がある。

「輜重隊の兵隊たちは、いすずのトラックをいすずちゃん、トヨタのトラックをオトヨサンと呼んでいた。いすずちゃんもオトヨサンも、今のトラックの性能からは考えられないような代物であった。クランクを回してエンジンをかけ、三時間も走れば一時間ぐらいは休まなければオーバーヒートしてしまう」（古川高麗雄『龍陵会戦』文藝春秋）

「強かったのは、押収車のシボレー、フォードで、当時の国産車は〝故障が自慢〟と言っては酷いかも知れないですが、外車の方が数段よかったのは残念ながら歴史の示す事実です」（戦友会編『ラバウルの戦友《とも》』第四十五号所載「自動車部隊奮戦す」）

使う方もまた、使う方で、こんな、もうドアホとしかいいようがないような事例がある。

「スマトラに渡る時、潜水艦攻撃（?）を受けて一部は海に沈んだが、押収した自動車もいっぱい運んで来た」「なるほど、自動車班に行ってみると、高級車がずらりと並んでいた。フォードだとかシボレーだとかを持って来ようものなら、自動車を呼べと命じたえらい人が怒って、どなり出すのを、そのうち知った。『おーい、何だこれは、フォードじゃないか！　もっと、ましな車はないのか。班長に電話せい』」（戸石泰一『消燈ラッパと兵隊』ＫＫベストセラーズ）

軍馬の戦場については、本書の主要テーマであり、以下、本稿を見ていただきたい。

資料の扱いで、筆者あるいは編集担当者の方と連絡がとれないため、そのまま使用させていただいたものもあります。感謝の念と共に、ご寛容いただきたく、お願い申し上げます。登場する馬のうち、原文にルビが振られていないことから、馬の名前、馬名の読み方が不明の場合があります。ご容赦下さいますよう。また現代では差別用語、不快用語とされる表記も当時の実相を伝える歴史的用語として一部使用しました。

軍馬の戦争——目次

第三章　青い召集令状

第四章　春なお浅き戦線で

第七章　軍馬「勝山号」の帰還

写真提供／特記したもの以外は著者・雑誌「丸」編集部
図版作成／佐藤輝宣

軍馬の戦争

戦場を駆けた日本軍馬と兵士の物語

第一章

めんこい仔馬

近代国家形成に一歩踏み出した「富国強兵」の明治期、
軍馬は列強に比べ、質、量とも見劣りした。
「日本馬ハ凶暴ナリ」――
北清事変で列強と共同出兵したさい、
そんな「軽侮嘲笑」を浴びたほどだった。
追いつき追い越すには「馬匹改良」せねばならぬ。
それも短期間のうちにやる必要がある。
かくて日本産馬の大々的な改造計画が浮上した。
「国民皆兵」と並ぶ馬匹の
「国家総動員体制の確立」である。

軍馬の母子

戦場での出産と母子の別れ

昭和六年（一九三一年）初冬——。

満州（中国東北部）通化省東辺道・金華嶺集落。

冬の日ざしが金華領山のふもとに照り映えるある日、駐屯していた日本軍歩兵部隊（「愛馬部隊」で知られた石井部隊とある）で歓声と驚きの声が上がっている。メスの軍馬「国影」が子馬を産んだのだ。

「単調な警備を続けていた兵隊たちの間に子馬が生まれたことが伝えられると、将兵は我先にとこの子馬を見舞い、自分の子どもが生まれたかのように喜んだ」

以下、森下浩『愛馬は征く』（子安農園出版部、昭和十七年）によれば、部隊長自らこの子馬に「勝鬨《かちどき》」という「勇ましい名前」をつけてやっている。子馬勝鬨は部隊の人気を総ざらいして、すくすくと育っていった。母馬国影に寄り添い、小さな蹄の音をたてて、いななく勝鬨の可憐な姿を見ない日はなかったのだった。

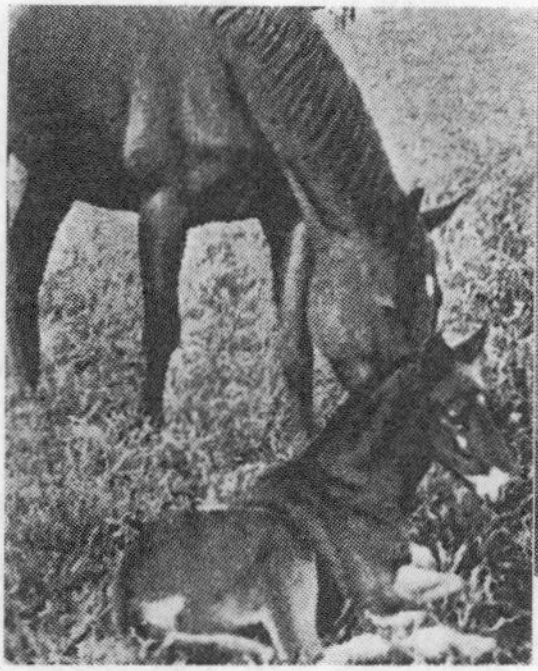

馬の母子。この後、どんな運命をたどったのであろうか(『愛馬読本』昭和16年刊より)

そのころ集落周辺には「敗残兵」がいて、ときに中国人集落や駐屯部隊を襲撃していた。吹雪のある日の明け方、またしてもやってきた。部隊をけん制しながら集落の食料略奪に目的があるようだった。だが、日本軍相手にそんな半端な作戦が通用するはずはない。

やがて「算を乱し」て退散していき、部隊の損害は「軽微」で済んだのだが、母馬国影が右腹に敵弾を受けたのはまことに不運であった。獣医はおらず、兵隊の手で治療に当たったものの、はかばかしくなかった。その間、子馬勝鬨は心配そうに母馬の周りを歩き回り、あるいは兵隊の手をはね除けて母馬の傷口をなめ、母体に自分の顔を押し付けている。兵隊たちはしみじみと言っている。

「馬も親子の情に変わりはないんだなあ」

やがて「春雪を割って」若草が萌え出るころ、部隊に移動命令が下っている。部隊長は困惑した。部隊全員がそうだった。「この戦傷馬をどうするかということであった」

傷は重い。だが、時間をかければ直る見込みはあるようだ。さりとて連れて行こうにも手段がない。「銃殺して楽にさせてやれ」という声もないではなかったが、部隊長決断で子馬だけ従軍させ、母馬は「この地に残す」ことになった。手綱や鞍など装備一切を外し「裸馬」としての放馬処分である。

やがて手綱を引かれて歩き出す子馬勝鬨。よろめきながらも後を追おうとする母馬国影。二十メートルほどすがったところで力尽き、どうと倒れた。頭をもたげて悲しげにいななく姿が哀れだった。勝鬨もまた、振り返り、振り返り、天を仰いで声を張り上げている。兵隊たちも「皆、眼をぬらし」ながら新戦場をめざしていったのだった。

――物語はもうちょっと続いている。

軍馬の出産は稀有なことだった
だが、その前に述べておかねばならないことがある。
国影が子馬を生んだことである。当たり前のような話なのだが、軍馬の場合、まことに稀有な事例といってよかった、部隊には確かにオス、メスの軍馬多数が混在して従軍していた。しかし、そのオス軍馬に去勢手術が施されていた。したがって部隊在籍の馬同士では妊娠沙汰なぞ起こりようがなかったはずだった。

念のため述べると、去勢とはオスの睾丸《こうがん》を抜き、オスとしての機能を失わせることで、陸軍騎兵学校『大正十三年改訂・馬政学』によれば、この措置を取ることによって「管理使役上ノ利益ハ左ノ五項ニ帰ス」とある。

①馬ヲ温順ナラシムルヲ以テ駕御取扱ヲ容易ニス②無益ニ体力ヲ費消スルコトナク且忍耐力ヲ増スヲ以テ作業能力ヲ増加ス③肉付ヲ良好ナラシメ且病傷ヲ減少ス④牡牝（オス、メス）混同シテ管理使役スルコトヲ得ルノ便アリ⑤嘶声（いななき）ヲ発セス且喧騒セサルヲ以テ使役ニ便ナリ

馬にとって随分と迷惑で残酷な行為のようだが、軍馬として使用するに当たって、これが世界の軍隊の常識といえるものだった。（難解な漢字は一部平易なものに直した。以下、本書の引用文同じ）

「集団の突進力が威力を発揮する騎兵乗馬はもちろん、四頭ないし六頭立てで整列して砲車を曳く砲兵輓馬も、長い隊列を組んで輸送に従事する砲兵用や輜重兵用の駄馬も、密集隊形をもってする静粛で整然とした集団行動をすることが可能でなければ軍馬として使用することは困難である。ここに、優秀な種馬を選んで育成し、それ以外の牡馬は去勢して労役に使うという、種馬の選別とそれ以外の牡馬の去勢という馬匹改良の方向が決まったのである」（大江志乃夫『明治馬券始末』紀伊国屋書店）

だから東辺道の集落に駐屯していた部隊で、軍馬国影が子馬を産んだというニュースを耳にし、「まさか」と部隊員全員が歓声と共に「驚き」の声を上げたのだった。ただ、引用書『愛馬は征く』には相方馬の存在には触れられていないので、ここで〝犯人さがし〟はさておき、物語の結末を急いでみたい。母馬国影を放馬し、転進していった部隊その後のことである。

奇跡の再会

部隊は「転戦また転戦」の連続だった。一年が過ぎ、同じ東辺道の村落である王家鎮で一息ついていた月明の夜、またまた馬上の「匪賊」の一団が馬のいななきと銃声と共に襲撃してきている。戦闘は夜明けまで続いたが、空が白んでくるころ敵は浮き足立ってきた。

そのとき、不思議なことが起きている。

部隊本部わきにつながれていた先の子馬勝関が、戦闘が始まると同時に足をばたつかせ、興奮し切った様子だったのだが、ここで大声一番、「暁の空」に向かっていなないた。すると、逃げかけた敵陣の中から一頭の馬がくるりと向きを変え、日本軍の方へ走って来るではないか。乗り手は日本軍陣地の前で、もんどりうって落馬。かまわず、その馬は勝関のところへ駆け込んできた。

あっけにとられていた兵隊たちだったが、手綱をつかみ、よくよく見ると、なんと、その馬は一年前に放馬したあの母馬国影だったのだ。身体を寄せ合い、頭を振り、鼻をふくらませ合って再会を喜ぶ様子の母子馬。傷はすっかり完治していた。落馬して捕虜になった匪賊の男（頭目クラスだった）によれば、日本軍部隊が立ち去ったあとの金華嶺集落で拾い、良馬のようだったので手当を加え、自分の持ち馬にしていたということだった。

――「軍馬の母性愛、ついに敵将を生け捕る、とでも題する実話です。馬って奴は可愛いいものですよ」と、長い話をそう結んで野田老准尉は煙草に火をつけた、とある。

薄幸の子馬

昭和十三年（一九三八年）五月、中国戦線――。

第十三師団歩兵第五十八連隊第一大隊本部小行李班（のち「弾薬班」と改称）の隊列の中で、軍馬「如月」が大きなお腹を抱えて歩いていた。やがて軍歌や小説の『麦と兵隊』などで知られる徐州会戦直前のことで、昼夜兼行の戦闘行軍真っ最中の出来事だった。

吉田《よしだ》庚元《かのえ》兵長は『軍馬の想い出』（同書刊行会）で書いている。

「敵に遭遇しなければ一夜露営の行軍が続く。如月は身重の身体を耐え忍んで重い弾薬函を載せて下向き加減に歩く。何時産気づくやら不憫のかぎりだ」

晩春の大陸は日が長い。一日中歩きづくめの兵隊たちがぶつぶつ言い始めたところで、やっと「宿営」の連絡が届き、近くの農家で一夜を過ごすことになった。さっそく如月担当の兵隊を先頭に分隊員総員で如月の寝床をつくってやっている。土間の一角に大量のワラを敷いた程度だったが、久し振りのワラの匂いに気が休んだのか。その深夜、にわかに産気づき、子馬を安産したのはなによりのことだった。

だが、夜が明ければ、また行軍が始まるのだ。如月の母体は大丈夫だろうか。子馬は歩けるのか。

「薄幸の子馬よ、涙に暮れる親馬よ、戦場は母子生き別れの愁嘆を予感させる。結局成り行き任せの連行しかない」

果たして翌早朝から動き出した輜重隊の長い隊列の中で、吉田兵長ら班員たちの懸命の気配りも及ばず、この親子馬は離れ離れとなってしまっている。「(子馬は)隊列からはみ出し麦畑に入ったか、疲れて落伍したか、わずか数時間の中に悲しい親子生き別れが発生した」。麦また麦の「見渡すかぎり淡黄緑色の広がり」のなか、母馬如月の「哀訴する」かのような、長く続くいななきが残った。

吉田兵長は、如月の妊娠に関しては「内地で徴用される前に身ごもったのであろう」と推測している。宮城の産。「均整のとれた栗毛の美しい牝馬」だった。

日本馬ハ猛獣ナリ

軍馬と支那馬の日華親善

徐州占領後、吉田兵長が所属する大隊は再び転戦している。

初夏である。クリーク（運河）の両岸に新緑の柳の葉が揺れていた。行軍中、手綱を取っていた持ち馬「羽月」の歩調がすこしオカシくなってきたから、吉田兵長、若干あわてている。

「ふと羽月が止まる。オーラオーラと手綱を引く。歩き出す羽月、また立ち止まる。荷が重いかナ、休み疲れということもある。オーラオーラ、よく見ると長い顔を後に向けて優しい目ざしだ」。後列から「吉田、どうしたんだ、歩かんか」と声がかかる。

中国産馬は馬体は小型だが、力持ちであった（『軍馬と火線』より）

コラコラと叱声に変わり手綱を引く。十五、六歩も歩いたら、また同じように立ち止まり、振り返り、後足を開いて踏ん張る。はて不思議な動作をするもんだ。今までにないことだ。傷が痛むのか〜後に回り点検するも、異常を認めない。四度目の動作が繰り返されたとき、「さすが鈍感な私も、はたと心に浮かぶものがあった」。そうだ、これなんだ、分かったよ、羽月。そうだったか、可哀いそうに。よしよし、無理もない。

吉田兵長の班には「十数頭」の軍馬がいた。そのうち、オス馬は一頭だけだった。羽月のすぐ後列にいた。「体躯堂々とした黒毛」のオス軍馬だった。もちろん去勢されていた。だから「羽月のプロポーズにも馬耳東風の無情さ」であった。知らず、羽月は、「臭覚鋭く恍惚として」秋波を送り、三度、四度と媚びた姿勢を見せたのだった。

班には日本で動員してきた正式軍馬のほかに中国現地で調達、徴発した「員数外」の支那馬(中国産馬。満州馬とも呼称された。兵隊たちは「チャン馬」と呼んでいた)がいた。いずれも日本産馬より一回り小さかったが、頑張り屋でタフなところがあり、兵隊たちは頼りにしていた。こちらのオス馬は去勢されていない。

それから数ヵ月後、行軍大休止の宿営地で夕食を済ませた吉田兵長は、かねて相談をもちかけていた支那馬担当の戦友と「日華親善」(当時は国民党政府の中華民国だった)の行事を行なっている。ただ、体格が違うから、舞台づくりがたいへんだった。段々畑を探し出し、「一尺以上」の上段畑にオス支那馬を誘導して両馬の尻が「大体水平に」なるようにしなければならなかった。

羽月は輜重任務に従事する軍馬共通の悩みである「鞍傷」が深かった。背に重量物を載せて長時間行軍することから、手綱を取る兵隊がどう注意していても、「くらずれ」が起きて両背が「お盆大」に赤くただれ、それがウンで、おしまいには背中の肋骨にまで達しようかという段階になる。そうなると、もはや軍馬としての用はなさず、廃馬・放馬処分という悲運の道をたどることになってしまうのだった。

吉田兵長は書いている。

「この満身創痍の馬にも、生命の歓びが残っているのを発見し、偉大なる羽月の生命力よ、と感嘆久しゅうした」「羽月よ。その鞍傷では前途は苦労の連続であろうが、行くところまで行こうや」

欧米列強に笑われた明治日本の軍馬

オス軍馬の「去勢」について述べたが、つまるところは当時の「富国強兵」のかけ声のもと、①軍馬の管理を容易にし②優秀な馬の血統を残すことにねらいがあった。急きょ、「馬《ば》匹《ひつ》去勢法」（明治三十四年）が発布され、種付馬の選別、そして不適確とされた普通馬の徹底的な去勢が行なわれることになった。

それにしても、なぜ、こうも馬匹改良が急がれたのであろうか。

話は二十世紀初頭、中国で起きた義和団事件（北清事変）にさかのぼる。一八九九年（明治三十二年）、列強諸国の中国侵略に抗議する「義和団運動」が山東半島を中心に起こり、たちまち中国民衆による民族武装闘争の様相を帯びるに至った。翌一九〇〇年（明治三十三年）六月には、北京にまで動乱の輪が広がり、在住の各国外交官とその家族の安否が気遣われるようになった。

ここで日本も米英仏独など八ヵ国と共同出兵に踏み切ったのだが、これが歴史的にみて日本の陸軍が欧米列強の陸軍と初めて直に顔を突き合せるケースとなった。ここでは日本軍隊の戦闘能力、規律の厳正さについて列強の称賛を受けたまではよかったが、ただひとつ、軍馬のあり方に関しては一様に落第点がつけられてしまっている。

「明治三十三年北清事変の際第五師団の徴発馬は殊に喧騒甚だしく、加ふるに訓練日なお浅きが為に太沽《ターク》上陸後連合軍の秩序整然たる軍馬とは到底比較にならず、しばしば行軍秩序を乱だし或は汽車の積載に多大の時間を要したるなど失態を演じたること一再ならず、故に各国は我軍馬を目して猛獣と呼び協同作戦の上にすくなからざる不便を感じた」（帝国競馬協会編『日本馬政史第四巻』昭和三年）

あるいは、次のような記述もある。

「即ち事変中、世界各国の陸軍は互に精鋭を誇って軍務に従う内、我国の出征軍馬のみは、素質獰猛であり、牝馬を見ては隊列を乱し、輸送に当っては兵を傷つけ、実に苦心を要するものがあって、各国兵から軽侮嘲笑を受けたのである」（白井恒三郎『日本獣医学史』文永堂書店、昭和十九年）

難しい記事の引用が続くが、軍馬を語るうえにおいて大切なことと思われるのでご容赦いただきたい。もうひとつ――、

「明治初年、日本にきた外国武官が、日本陸軍の馬を見て、『猛獣のようだ』とおどろいた

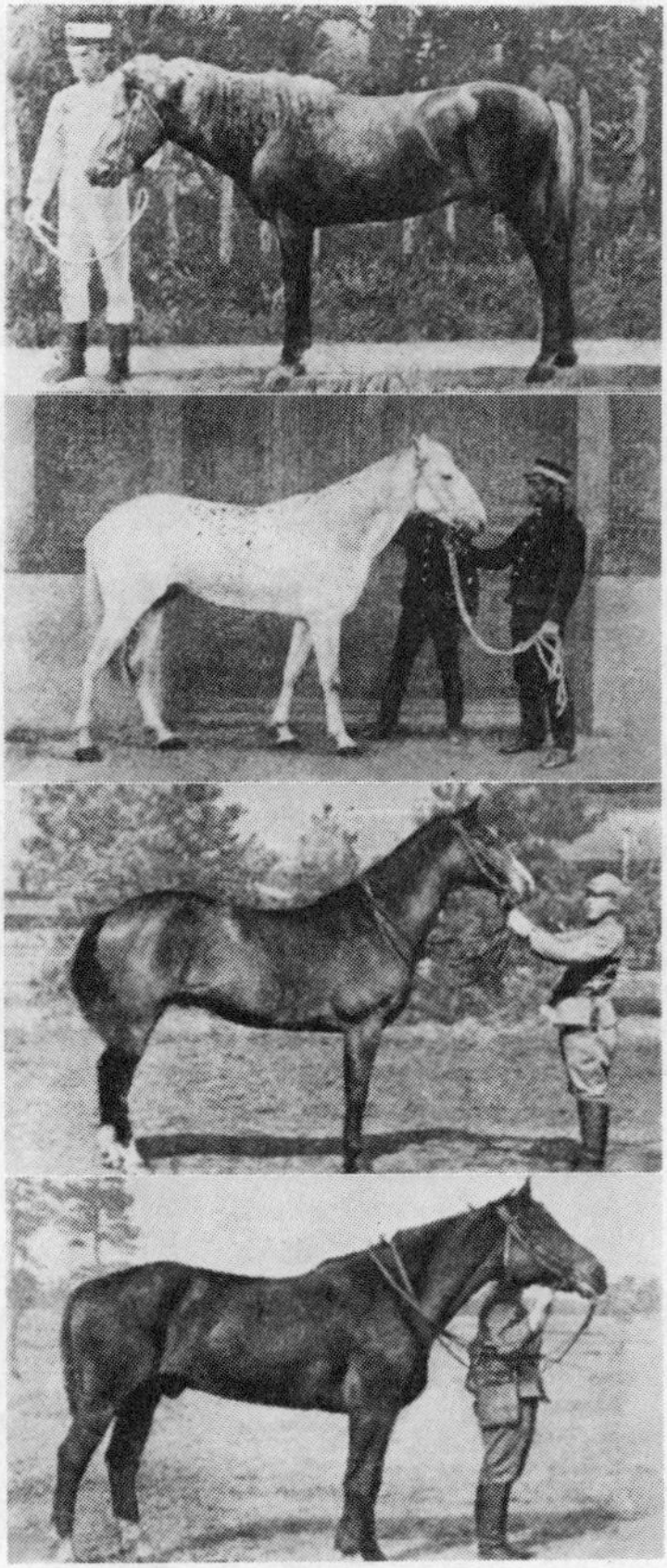

日清戦争時代の軍馬

日露戦争時代の騎兵優良馬

昭和期の軍馬（乗馬）

昭和期の軍馬（輓馬）

日本軍馬の発達。日清、日露両戦役時代の馬は、昭和期の軍馬にくらべると背も低く、なんとなく頼りない（『愛馬読本』より）

らしい。日本人は馬の去勢を知らなかったのである。日本以外の多くの民族は牛馬や羊などに生活を依存してきたために、種馬以外のオス馬は去勢するのが常識だった。この施術は人間の男性にもおよんだ。宦官のことである。宦官は古代エジプトなどオリエントには古代から存在し、中国では清（国）末までの政治の基本的な禍害の一つになっていた」「日本には、宦官も去勢馬も存在しなかった。『牡馬ニハ去勢ヲ行フ。但シ種牡馬又ハ候補種牡馬ハ此ノ限リニアラズ』という法律が出るのは、ようやく明治三十四年（一九〇一年）になってから

である」（司馬遼太郎『この国のかたち・四』文藝春秋）

当時、日本という国は欧米諸国、清国（中国）、ロシアなどの大国を前にしては「まことに小さな国が開化期をむかえようとしている」（司馬遼太郎『坂の上の雲・一』文藝春秋）程度でしか見られていなかった。ぼけっとしていると、それらの外国勢力に圧倒され、植民地、あるいは植民地並みに扱われるのは目に見えていた。くそ、負けてたまるか。そこで明治政府がとった国家方針が「富国強兵」であり、その最重要政策のひとつとして「馬匹改良」が国家的事業となって浮上してきたのだった。

なぜ「去勢法」が日本では普及しなかったのか

ここで、ちょっと「余話」を入れてみたいのだが、それまで日本人が「馬の去勢を知らなかった」わけではなかった。例えば、いま紹介した『日本獣医学史』のページをめくってみても、早くから「唐土」「韓土」の去勢法が伝えられていたことが分かる。江戸時代の享保年間には、出島があった長崎でオランダ渡来の去勢術が伝習されてもいる。

「兎《と》に角《かく》、和蘭陀の船が入港してから後は、長崎に於いてはオランダ人又は支那人（中国人）によって去勢が行はれていたことは疑う余地がない」

同書によれば、こうした去勢法が日本で広く普及しなかったのは「仏教伝来以後、此法を用ふることの必要性がなかった為で」「即ち去勢による肉畜の利用が行はれなかったことに一半の原因がある」とされている。

確かに日本では欧米諸国でみられるような大規模な牧畜業は発達しなかった。山地が多く、起伏に富む地形。おまけに「仏教伝来」に由来する肉食禁止令の影響が後世まで残っていた。山村では木材搬出の馬が活躍していたが、頑丈が取り得の小型の馬が好まれていた。農村の農耕馬も田畑ひとつひとつの規模が零細であるところから少々の馬力の差はさほど問題ではなかった。それに、唐天竺、南蛮渡りの去勢手術なぞ、「家族同様」に愛情込めて飼育している馬に苦痛を与えるとあっては拒否反応が強かったのである。

こちらには豊富な魚介類資源かある。手づくりのコメがある。かくて日本産馬もまた、特有の「民情風俗」（『日本獣医学史』）の中で独自の歴史を刻んできた。これはこれで一向に恥ずかしいことでもなんでもなく、一国の文化ともいえるものだったが、しかし、このままで近代戦を遂行するのは到底不可能ということだけは確か。義和団事件出兵により、はしなくも列強の前にその弱点をさらすことになったのだった。

見返すには実績を積み上げるしかない。大きく、早く、そして力強い走りをする馬体につくり変えるのだ。「追いつき追い越せ」。事《こと》は急がねばならなかった。

なお、現代でも肉専用の和牛やブタの多くは去勢施術を受けている。去勢によって太り、肉質がよくなる。また飼育が容易になるという話である。

大もて外国産馬

軍主導の馬匹改良事業

そんな具合で国あげての馬匹改良事業がスタートすることになった。内閣直属の「馬政局」が設置され、国家管理による計画的な生産体制がつくられた。全国各地の種馬牧場や種馬所、種馬育成所、のちには軍馬補充部で種牡馬が導入された。これには相方である優秀な「繁殖牝馬」が総動員されたことはいうまでもない。

種牡馬としては外国産馬も盛んに輸入されている。トロッター、ペルシュロン、アングロノルマン、アラブ、サラブレッド——。明治以降、その存在が日本人に広く知られるようになった外国産馬である。

要するに外国産オス馬と日本のメス馬を交配させ、馬格のいい軍馬をつくり出そうという発想だった。

馬政局はやがて陸軍省の管轄するところとなり、産馬の改良と繁殖事業は軍主導の下に推進されていく。「国民皆兵」と並ぶ馬匹の「国家総動員の確立」である。いくつかの経過をたどりながらも軍馬改良や国民愛馬思想の高揚を錦の御旗とした競馬競技も軌道に乗った。

これまで紹介した資料で『帝国競馬協会編』とか、『明治馬券始末』とか、軍事とはおよそ関係なさそうな名称や題名がみられるのは、こうした時代を受けてのものであり、今日知られる競馬「天皇賞」レースのルーツもここから始まっている。

ここらへん、武市銀治郎『富国強馬』（講談社選書メチエ）には、その巻頭の「はじめに」の中で、次のように記述されている。

「わが国は明治維新後、欧米列強の植民地化を免れて、これに伍して近代国家に成長していくために筆舌につくしがたい努力を重ねてきた」「こと馬に関しては、交配改良が実行され、倦《うむ》ことなく続けられてきた。しかもその『成果』は顕著なものだったのである。この事実はわが国の近代化のありようを、一面から鮮やかに照らしだすものではないだろうか」

秋山好古が舌を巻いたロシアの軍馬

話は前後するが、そんなよちよち歩きの段階で、あの日露戦争を戦わなければならなかった日本の将兵はどんな思いであったろう。馬格も劣る。足も遅い。先にも記したように馬匹去勢法発布は明治三十四年（一九〇一年）、日露戦争が始まったのはそのわずか三年後の明治三十七年（一九〇四年）のことなのである。（馬政局はまだ出来ていない。明治三十九年設置）
「動員の際には徴発馬匹を分類して、一々応急の調教を施さなければ、部隊に編入することが出来ない位であるから、其の混雑甚しく、そこで動員部隊が出征まで若干の余裕の時日がある限り、俄かに徴発馬に去勢を施し、若しその余日がなかった部隊では有勢（有性）の馬匹のまま出征したものもあったので、隊列に慣れざる馬匹の此の場合の喧騒最も甚しく、出征途中に於て既に多数の病斃死馬を出すに至った」（『日本馬政史第四巻』）

日清戦争、義和団事件からさほど時間は経っておらず、ほぼ同じ状況なのである。すこし近道して恐縮だが、先の司馬遼太郎『坂の上の雲・二』を開いてみると、やはり、そこらあたりのことは主要登場人物の一人である秋山好古騎兵少将（当時）の日記や手記の記述を借りるかたちで、きちんと押さえてある。

「わが騎兵の馬匹に比し、（ロシアの軍馬は）その大いにすぐれるをみとむ」「（乗り手の能力も）賞賛の価値あり。わが騎兵より優る所ありとみとむ」「（将校は）一般に勇壮、ことに騎兵将校は、決意、敵中に闖入《ちんにゅう》する気概あり」。そしてロシアと日本の兵卒の比較面では「騎兵、砲兵は、馬の点において、すこしくわが騎兵、砲兵にまさりおるべし。歩兵の兵卒はわが歩兵の兵卒と大差なかるべく」

ロシア騎兵の優秀性については、秋山好古は正直なところ、「舌を巻いた」とある。歩兵の質だけが、わずかにどっこいどっこい。あとは全部ペケとあっては、ほんと、荷物をまとめて故郷の伊予松山に帰ってしまいたかったに相違ない。

余談になるが、日本における独自の畜産のありようは、近代軍隊を創生するには実に不向きなものがあった。「軍靴ハ歩兵ノ良馬ナリ」（欧州の格言）。その皮革産業、製靴産業が未発達だったのである。坂本龍馬は確かに革靴をはいて走り回っているが、長崎・出島で購入した米国製といわれる。もちろん靴下産業もなかったから、素足で靴をはいていた。

佐藤栄孝『靴産業百年史』（日本靴連盟）は、あの青森連隊による八甲田山大量遭難死事件の原因のひとつとして、ワラ靴をはいていたことを指摘している。防寒革靴なんてシャレたものはまだなかった。日露戦争における旅順総攻撃でも第一回攻撃の兵はワラジばき、二回目の攻撃でも厚底タビやゴム底タビ姿で兵は突貫していっている。

軍馬改良に資したステッセル将軍の白馬

さて、冒頭で輸入馬種名を紹介したが、いま出てきた日露戦争がらみで、こんなロシア産馬の物語がある。

明治三十八年（一九〇五年）一月五日、難攻不落といわれていた旅順要塞攻防戦で勝利した日本軍第三軍司令官乃木希典大将と、降伏を申し入れてきた要塞防衛ロシア軍のステッセル中将との会見が水師営の民家で行なわれた。

いわゆる「水師営の会見」である。この会見の終わりに当たって、よく知られているようにステッセル将軍から持ち馬の一頭が贈られている。

アラブ系のオスの白馬だった。乃木将軍はステッセルの「ス」から「寿号《すごう》」と名づけ、戦場にある間、持ち馬とした。鳥取県『赤碕町史』には将軍直筆の「寿号略伝」が紹介されて

乃木将軍と「寿号」（海士町役場提供）

いて「性質極メテ順良戦場ニ於ル爆響喊声《かんせい》ニ驚セス飛越モ躊躇《ちゅうちょ》ノ状ナシ故ニ多クハ戦闘間ニ乗用セリ帰朝後更ニ払下ヲ受ケ」とある。

日露戦後、乃木将軍は東京・赤坂の自宅で飼育していた。やがて陸軍では大看板の「馬匹改良」の見地から、戦利品として持ち帰ったロシア産馬（正確な頭数不明）のうち、種付馬として適当なオス馬を全国の軍馬補充部に配分することにしている。将軍も軍と相談のうえ、明治三十九年（一九〇六年）、「軍馬改良に熱心」だった赤碕町の佐伯牧場（佐伯友文経営）に預けた。のち将軍は寿号会いたさに身分を隠し、こっそり佐伯牧場を訪れ、ひどく周囲をあわてさせたというエピソードが残っている。

ここで寿号は種付馬として九年間で「約八十頭」の親になった。その後、将軍没後の大正四年（一九一五年）、島根県隠岐島海士町の島司（島長）や島産牛馬組合の「懇請」を受け、海士町で素封家として知られていた渡辺家に引き取られている。ここでも四年間で「六十余頭」の父親となった、と先の赤碕町史に記されているから、随分と頑張ったものだ。

もっとも、この頭数や途中経過等に関しては資料によって異なる。ここでは主に赤碕町史を参考にしたのだが、諸説輩出するのは「寿号」物語がすでに伝説的存在となった証左とでもいえようか。（赤碕町はその後、琴浦町に町名変更）

大正八年（一九一九年）、この地で寿号は生涯を閉じた。二十三歳だった。人間でいえば、八十五歳前後に相当しようか。そういえば、乃木将軍は命名のさい、ステッセル将軍の頭文字「ス」の意味のほかにも長寿を祈る意味をも込めたと伝えられる。

血統を受け継いだとみられる白色の馬は、太平洋戦争後の昭和二十年代半ばの時点になっても隠岐島で農耕馬として見ることはできたが、その後、農村における耕運機やオート三輪といったモータリゼーションという時代の波のなか、記録から消えていっている。

いま、海士町の崎地区に「名馬寿号之墓」が建つ。「寿号記念碑」とも呼ばれ、近くの三穂神社郷土資料館には寿号ゆかりの資料が展示されている。地区の人たちの寿号に寄せる思いが伝わってくる。

余談になるが、「日露戦争百年」に当たる平成十六年（二〇〇四年）、寿号が最初に預けられた佐伯牧場ゆかりの渡辺敏子さん（琴浦町）が、町内の有志たちと団体で現在は記念建築物になっている旅順「水師営の会見所」を訪れたさい、地元の中国人解説員が「この名馬はその後、鳥取県アキノシマで過ごした」とかなんとか説明する。思い切って係わり合いを名乗り、いくつかの疑問点を伝えたところ、中国人側も百年目の奇遇に驚き、かつ喜び、「以後、正しく歴史を伝えます」と素直に受け止めてくれたそうだ。（『孫たちへの証言第17集』新風書房から）

なお、京都市伏見区桃山町の乃木神社境内に軍馬「寿号」銅像があるが、乃木大将関連の馬であることには間違いないものの、本件の寿号とは特別の関係はない。

第一線の混乱

寿号の話が長くなったが、ここで視点を変えて日本人の動物観について取り上げてみたい。後章で述べるように「馬と兵隊」物語には「愛馬精神」「人馬一体」といった兵隊と軍馬の間に通い合う一種の「うるわしい」人馬交流の話が続く。それはそれで結構な話なのだが、資料をみていると、肉食国である欧米諸国の人々の馬への対応が日本人のそれとは大きく異なることに気づかされる。

カウボーイの国の群さばきの技

昭和六十三年（一九八八年）十一月、東京〜北米航路の川崎汽船コンテナ船「まんはったんぶりっじ」がロングビーチ港に着いたさい、乗組員たちは目の前の岸壁を大勢の人がぞろ

数奇な運命をたどったロシア産馬「寿号」の晩年の姿

名馬寿号之墓（いずれも海士町役場提供）

ぞろ歩いているのに気づいている。「レーガン大統領が来る」。そんなことを話しながら、先を急いでいるのだ。

コンテナ船洋上取材の目的で東京から乗ってきたわたし（筆者）は、航海中に仲良くなった乗組員八人、計九人で一緒に随いて行くことにした。ご存知、レーガン大統領は元ハリウッド映画俳優。当時、米国第四十代大統領だった。その現職大統領がジカに見られるとあっては捨てておけない。現地の人たちの間にも、いささか興奮気味の様子があった。

それにしても、いろいろな顔があるもんだ。白いの、黒いの、東洋系、ヒスパニック系、その他。ロングビーチ向こうの岸壁には大西洋航路で活躍した豪華客船クィーンメリー号（初代）が係留保存されている。リタイアしたあと、ここにイカリを下ろし、そのころからレストラン兼ホテルシップになっていた。人々の流れはこの係留巨船の前にある広場に向かっているようだった。係員多数が動員され、それぞれ受け持ちの場を分担し、笑顔でもって人々を誘導していた。

その誘導ぶりが、なんとも鮮やかなのだ。広場は碁盤状に白線で仕切られていた。そこへ、集まって来る人々をうまくひとかたまりにし、導いてゆく。次から次にやってくる人の波を流れるように仕分けする。その間、大きな声をあげることもなく、見事なばかりの手綱さばきだった。「ボクたちは船員で今日着いたばかりです」「もちろん選挙権なんか……」なんて声を出す間もあらばこそ、プリーズ、プリーズ。すっすっと歩かされる。

そしてレーガン大統領が現われる前には予行演習として、係員の指示のもと、なんども「ブッシュ」「クエール」を連呼させられた。「大きな声は本番で。ここは小さい声で、はい、どうぞ」。ブッシュとは、ついこの間まで大統領をしていたブッシュ氏の父親、いわゆる「パパ・ブッシュ第四十一代大統領」のこと。クエールはそのパパ・ブッシュの副大統領になった人物。つまりレーガン氏は任期満了につき、次期大統領、副大統領のそれぞれ候補としてパパ・ブッシュ、クエールを推薦。その応援演説のため、はるばる西海岸までやって来ていたのだった。

ロナルド・レーガン大統領(当時)来たる(昭和63年11月、米国西海岸のロングビーチ港で)

レーガン氏の演説もうまいものだった。真後ろの格好の舞台装置であるクィーンメリー号を見上げ、ときにこぶしを振るい、メイフラワー号上陸以来の米国の歴史を説き起こし、全米国民の団結を訴えるのだった。

確かにわたしたちはコンテナ船による太平洋横断でいささか日焼けしていた。久し振りに土を踏み、意気もあがっていた。そんな具合だったから、たくましい現役ばりばりの有力「日系選挙民」と受け取られ、グループの先頭に誘導されたフシがあった。「それにしてもねえ」と、後でわたしたちは苦笑し合った。

「人の流れをなんともうまくサバくもんだ」「さすがカウボーイの国だ、アメリカって」

家畜と捕虜の管理の技術

太平洋戦争中、ビルマ戦線で苦闘し、終戦後は英軍捕虜収容所で「はげしい」強制労働を強いられた会田雄次元京都大学教授『アーロン収容所』（中公新書）には次のような記述がみられる。少し長くなるが、核心をついた論評とおもわれるので、紹介してみたい。

「私たちは家畜を数多く飼育することには馴れていなかった。馴れていないどころか、ほとんど経験した人はないだろう。もちろん牛や馬を一頭か二頭養うことはあった。牛や馬や羊など一頭か二頭飼育しているときは、そこに家族的な愛情の交換が成立する。食うために飼っているのではないからなおさらである。家畜をけもの（獣）としてではなく、人間として家族の一員として取り扱うことが飼育の秘訣として、美談として倫理として要求される」

「しかし家畜を何十頭何百頭飼うとなると、そんな気持でいては飼育者は過労で参ってしまう。ここではどうしても多くの動物を取り扱う一つの管理法と技術が必要となる。捕虜というような敵意に満ちた集団をとらえて生かしておく（生活さすのではなく生存させておく）というためには、このような技術が必要なのでないだろうか。そういうものは私たち日本人は、まったく身につけていない」「私たちは捕虜をつかまえると閉口してしまうのだ。とくに前線で自分たちより数の多い兵隊をつかまえたりしたら、どうしてよいか茫然としてしまうのだ」

「ヨーロッパ人はちがう。かれらは多数の家畜の飼育に馴れてきた。植民地人の使用はその技術を洗練させた。何千という捕虜の大群を十数人の兵士で護送していくかれらの姿には、まさに羊や牛の大群をひきいて行く特殊な感覚と技術を身につけた牧羊者の動作が見られる。日本にはそんなことのできるものはほとんどいないのだ」

関連して宮崎県畜産試験場の山口富郎元場長による『馬と宮崎と二十世紀』（鉱脈社）には次のように書かれている。

「西欧では、家畜を取って食うことを正当とするのが普通となっている。これをキリスト教が支えている。家畜は、人に使われ、利用され、食べられるために、神によって造られたものとする。人と家畜の間に明確な断絶を強いることを宗教が決めている。殺生禁断の教えを説いて、肉食をさせなかった仏教とまるっきり反対である。日本では、家畜の飼育技術や管理が未熟のまま成り立ってきたのは、地理や民族の違いだけでなく、宗教が根をはり、畜産の成り立ちや在り方まで及んでいることになる」

馬部隊の仁義

以上のことは、いざ戦争状態に陥ったとなると、どうなるのか。最前線に出た将兵たちに、厳しく、際どい選択を迫るものとなっている。

例えば、第一線における食料不足の状況下における軍馬の取り扱いについて――。

昭和十九年（一九四四年）五月に始まった中国戦線湘桂作戦で、輜重部隊の一隊が岳州―長沙―衡陽と湖南省の軍公路を南下していた。制空権は在支（在中国）米空軍の手中にあり、輸送ルートは寸断され、「もっぱら夜行軍」。ひたすら歩くばかりだった。

兵隊たちは「山賊分隊と自嘲しながら」食べ物をあさっている。「愛する軍馬の分も調達しなければならなかった」。すべてが食料となった。道端の田んぼから稲が消え、周辺から犬の姿も消えた。だが、飢えや病気で道端に伏す兵。馬も倒れる。それでも「軍馬が死ぬと兵隊たちはその都度手厚く埋葬して」やったのだった。

のち、戦後しばらくして開かれた戦友会で、元兵隊たちは語り合っている。

「苦しかったな、犬まで食って」「でも絶対に馬は食わなかった」「当たり前だ。絶対に馬は食わない。それが、おれたち馬部隊の仁義だったんだ」（横浜市　師岡永造。朝日新聞テーマ談話室編『戦争下巻』所載から）

こちら、昭和十九年（一九四四年）三月、ビルマ・インパール作戦下のアラカン越えで苦闘した第三十一師団衛生隊、軽部茂則見習士官（のち軍医中尉）による『インパール・ある従軍医の手記』（現代史出版会、徳間書店発売）をみると、

「馬の頑張りが身にしみてありがたかった。たてがみをなでてやると馬は笑った。悲しい時には涙を流した。話しかけると首を縦にふった。人馬一体になっていたのである。馬の死は戦友の死でもあった」「（その馬の死体を）事情を知らぬ他隊の兵がおかまいなしに切り刻んでしまう。そして肉は均等に配分されるのである」

原田一雄軍医少佐と愛馬

あるいは、終戦の年の昭和二十年（一九四五年）ともなると、米軍機の本土空襲は毎日のことで、一方、食料不足には軍隊も民間も深刻なものがあった。茨城県霞ヶ浦近くの農村に駐屯していた師団の部隊は、村の休耕田を借り、サツマイモ、トウモロコシ、その他野菜類栽培の「現地自活」を強いられているから切ない。

獣医部門担当だった原田一雄元少佐『馬と兵隊』によれば、さらに食料確保には「あらゆる手段」を講ずべしとの命令があったから、師団部隊長会議では「（空襲で爆死した）軍馬の肉の再利用すべきかどうか」という案が

激しい論議の対象となっている。「愛馬精神の見地から肉の利用に反対する部隊と、食料不足の折から止むを得ないとする部隊の意見が盛んに議論されていた」。長年にわたって軍馬の治療に携わってきた原田少佐はもちろん反対派だった。

しかし、結局は、背に腹は替えられないという意見が通って「利用すべき」という師団決定となり、さらにあろうことか、追いかけてこんな命令がきたから、少佐はげんなりしている。「第一線部隊で直接将兵の目の前で処理するのは、愛馬精神からみてよろしくない」「ついては、少佐の獣医担当部門で「加工し、各部隊に配布すべし」」

至上命令とあっては逆らえない。かくて、少佐の隊で製造された「くん製肉やボイルソーセージ」に変わり果てた「数頭の軍馬」製品が師団各部隊に配給されていっている。

第二章

蹄ナケレバ馬ナシ

「騎兵隊では、馬の良し悪しを、
鞍傷に強いか、脚は大丈夫か、爪がしっかりしているか、
の三点にしぼって考える。
爪は蹄鉄を落とさない、質のよい爪をよしとする。
兵隊は行軍間、いかなる場合でも、耳の一部で、
自身の馬のひずめの音を聴いている。
蹄鉄のゆるみを、ききわけるためである」
(伊藤桂一『秘めたる戦記』光人社)
いななく軍馬、暴れる軍馬を相手に
兵隊たちの苦労は続く。

テッチンは頑張った

一にラッパ、二にヨーチン、三にテッチン

軍隊には——この場合、陸軍のことだが——「一にラッパ、二にヨーチン、三にテッチン」という言葉があった。「一にラッパ、二にヨーチン、三に機工の油虫」とも。いくつかの戦記物によれば、さらに別の言い回しがあったことがうかがわれるのだが、ともかくも、そういった順番で「楽をしている」、ラクチン特業の序列というのである。

「直接、戦列に加わらなくてもすむ、楽な勤務ということらしい」（戸石泰一『消燈ラッパと兵隊』KKベストセラーズ）、「これが怠け者の順位のようにいわれた」（山本七平『私の中の日本軍・上』文藝春秋）、「工作隊の特技は数々あれど、極楽序列は一にヨーチン、二にラッパ」（工兵第十七連隊戦友会誌『月一七会』第八号）

およそ当時の軍隊において楽な勤務なんてあったろうか、なんて思うのだが、ここでいうラッパとはラッパ手、ヨーチンは衛生兵の俗称だった。ラッパはすぐ理解できる。ヨーチンは薬品のヨードチンキを思い起こせば、そうか、とすぐうなずける。

だが、「テッチン」となると、ただちに見当がつきかねる。

第十七師団（通称号・月）工兵第七連隊第二中隊、関野好一一等兵＝写真＝は、中国蘇州の部隊で初年兵教育を終了し、初年兵それぞれが特業教育を受けることになったさい、「お前はテッチン」といわれ、「は？」といっている。のち兵長。

「なんでありますか、それ」「馬のヒヅメに鉄を打つんじゃ」「へぇー」

テッチンとは蹄鉄工兵（蹄鉄工務兵）のことだった。否応もなかった。「行ってこい」と尻をたたかれ、同年兵と共に、部隊と同じ蘇州にあった師団病馬廠《しょう》で修業することになっている。昭和十五年（一九四〇年）半ばのことだった。

「鉄チン」とする資料もある。これからすると、鉄をチン、チンとたたくことからきた軍隊用語であろうか。実際、鍛冶屋さんからは、そういう澄んだ音が聞こえるのである。ついでにいうと、ほかの特業教育種目には、鍛工、機工（機関）、銃工、縫工（被服修理）、石工、装工（靴修理）、革工、火工（火薬）、ガス工といったものがあった。

「連隊には必ず付属工場があり、工務兵がいたが、これは修理・補修のための、いわば整備工場であって、何かを生産しているわけではない」（『私の中の日本軍・上』）

関野好一

これらの兵はひっくるめて「工務兵」と呼ばれたが、ほかにも「一般兵」、俗に「本科兵」と称される兵もいて、ここにラッパ手はじめ、炊事係、伝書鳩係らが教育を受けていた。

テッチンも楽じゃない

さて、関野一等兵のことだが、蘇州の病馬廠がある駅に着くと、駅前通りで人だかりがあった。時の日本映画界の大スター長谷川一夫、李香蘭《リコウラン》（のちの山口淑子）主演による「支那の夜」のロケーションということだった。蘇州は太湖を望む「水の都」として知られ、寒山寺、楓橋など名勝に富む大きな都会なのである。

「幸先よし、と。目の保養に、ほんのちょっとの間ですが、見物しました」

そんな思わぬ余得に預かったまではよかったが、それからの特業教育はしんどいものだった。馬のヒヅメ（蹄）保護のため、半月状の鉄製の輪をつくって蹄釘《ていちょう》で固定するのである。「水呑み百姓の小せがれ」だったから、牛を扱った経験こそあったものの、蹄鉄どころか、馬とは付き合ったこともない。それなのに、足の蹄《ひづめ》には個性があり、形状が一頭一頭ちがうから、その型に合った蹄鉄をつくるためには馬に触れないわけにはいかないのだ。すっかり参ってしまっている。

「噛む、蹴る。初年兵とあなどり、足を踏ん張って見せてくれない」

それだけではなかった。真っ赤に焼けた鉄を打って蹄鉄をつくる作業もたいへんだった。

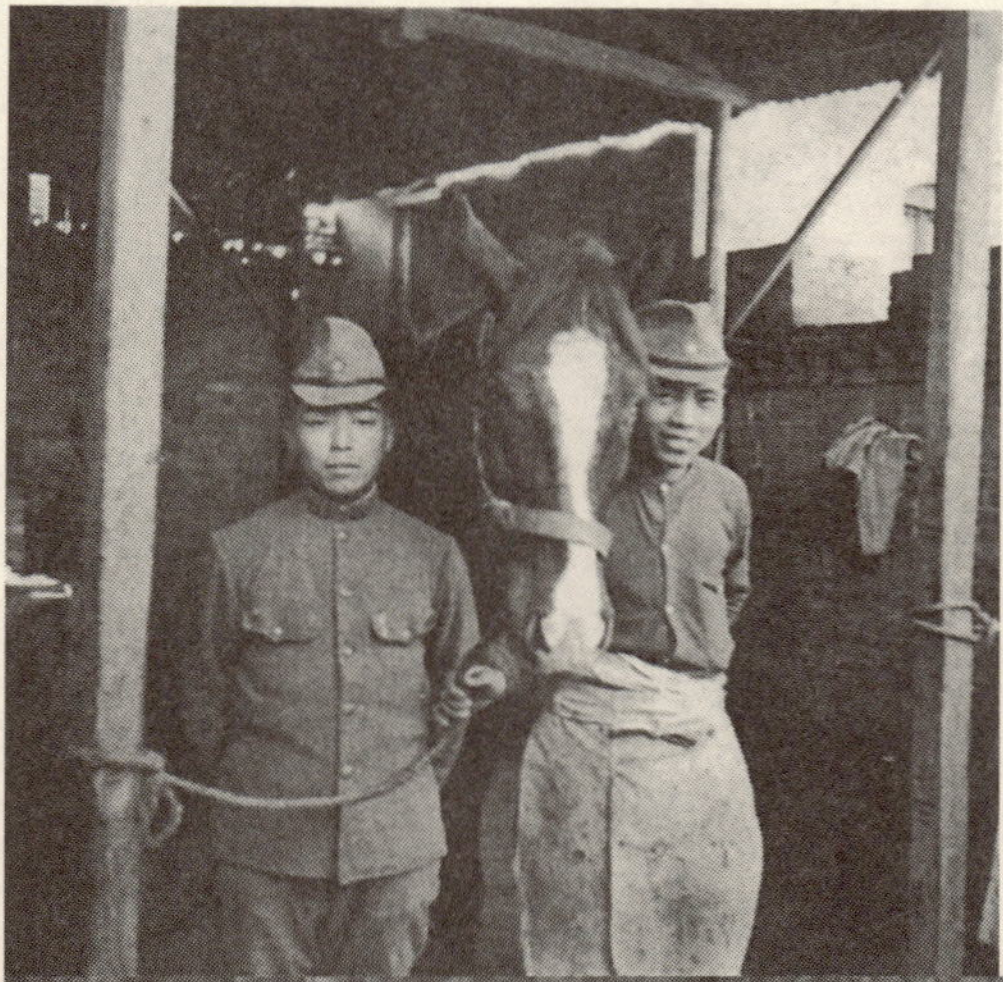

〔左写真〕〝テッチン兵〟関野一等兵（右）と軍馬と戦友。〔下写真〕映画「支那の夜」のロケ風景。関野一等兵は主演の長谷川一夫（右）と李香蘭を見ることができた（いずれも関野好一氏提供）

鍛錬、合鉄、装蹄、造鉄――。なかでも鍛錬と合鉄作業は「地獄」だった。二人で一組となり、大ハンマーと小ハンマーを振るって焼けた鉄を交互に打ち合うのだが、真っ赤な鉄が飛び、裸の上半身は火傷だらけ。ズボンは焦げる。それでも相方（たいていの場合、先輩の古参兵だった）が小ハンマーを打つ手を止めなければ、こちらで勝手に休むわけにはいかないのだ。

「誰だ、テッチンは楽でいいナ、なんてヌカした奴は」

釘の良否が問題

もともと馬は土の柔らかな草原の動物だ。固い道路を歩くような遺伝子は持ち合わせていないし、悪路や山地を無理して走ることもなかった。人間が飼育するようになり、能力をアップさせるには蹄保護として「蹄鉄が必要」ということになった。

馬にとっては迷惑千万なハナシにちがいなかったが、労働力として使う以上、蹄鉄は「馬の生命」でもあった。まして悪条件下、激しい行動が要求される軍馬の場合はとくにそうで、逆にいうと蹄鉄のない軍馬は使用に耐えない廃馬でしかなかった。

「蹄ナケレバ馬ナシ」

したがって、装備した蹄鉄が落ちた（落蹄）のを見逃したままでいようものなら、こっぴどく怒られることになる。

「騎兵隊では、馬の良し悪しを、鞍傷に強いか、脚は丈夫か、爪がしっかりしているか、の三点にしぼって考える。爪は蹄鉄を落とさない、質のよい爪をよしとする。兵隊は、行軍間、いかなる場合でも、耳の一部で、自身の馬（持ち馬）のひづめの音を聴いている。蹄鉄のゆるみを、ききわけるためである」（伊藤桂一『秘めたる戦記』光人社）

著者の伊藤桂一氏は騎兵第四十一連隊の一員として、長年、主に中国大陸山西省の黄土地帯を転戦した。終戦時、伍長。底辺の兵隊の目線で描いた「戦記文学」を数多く発表され、軍馬についての著述も多い。昭和三十六年（一九六一年）、中国戦線を舞台に描いた『蛍の河』で直木賞受賞。

さて、蹄鉄を馬の爪に装着するには「蹄釘《ていちょう》」が使われる。クギで打ち付けるのである。手元狂って足裏の肉の部分に当てようものなら、神経に触って馬は痛がるし、そこがハレて歩けなくなる。ここらへんもテッチン兵の腕一本にかかっていた。

この蹄鉄に関して藤田豊『春訪れし大黄河―第三十七師団晋南警備戦記―』（同書出版会）には「装蹄上の問題点は蹄釘の良否であった」とある。

以下、同書によれば、蹄釘はスウェーデン製品が最高だった。「硬くてネバリがあり、よく激動に耐えた」。日本製は硬いがモロくて釘節が折れ、落鉄することが多かった。陸軍省では、国内製造の必要を痛感し、大正初期、技術将校をスウェーデンに派遣して調査させたが、当のスウェーデン側は「製作方法は極秘」とし、「絶対に蹄釘工場を見学させなかった」とある。

そこで、陸軍省兵務局馬政課は昭和十年（一九三五年）ごろから国内生産をめざし、「苦心研究の末」、やっと良質の蹄釘をつくり出すことに成功したのだった。

その間における日本製品の心細い実情を物語るものに、次のような日露戦争時の蹄鉄関連記事がある。

「蹄鉄釘ハ初本邦製ノモノヲ追送シタルモ装著（装着）不良ナル為全部外国製品ヲ使用スルコトニ改メタリ又野戦携行蹄鉄工具ハ其ノ品質不良ナルノミナラス臨時編成ノ部隊中ニハ之ヲ有セサルモノアリタルヲ以テ規定外ニ平時用蹄鉄工具ヲ交付シ以テ業務上支障ナキヲ期シタリ」（陸軍省『日露戦争統計集第十一巻』東洋書林復刻版、原書房発売）

馬殿、どうかお許しください

昭和十六年（一九四一年）五月、満州・満州里の関東軍鉄道第三連隊第二大隊第四中隊、龍神喜一郎一等兵＝写真＝は、初年兵教育終了後の特業教育として「乗馬訓練」を受けることになった。のち伍長。

入隊前、北海道の営林署に勤務していて馬に乗った経験はあった。そこで、勇んで修業先の騎兵隊に向かったまではよかったが、いやあ、そこでのシゴキの手荒いこと。鞍なしの裸馬に乗せられ放しで、たちまち、尻と股の皮膚がズルむけた。手当ても乱暴極まりないものだった。書道用の大きな筆にたっぷりのヨードチンキをお尻に塗られたものだから、思わず、ぎゃっと飛び上がり、ほろほろと涙を流している。

シゴキは続いた。特業教育も仕上げ段階に近づいたところで「遠出の乗馬教育」が行なわれた。二十キロほど先にある演習場における各種訓練もつつがなく終わり、馬体を点検、ヒヅメの蹄鉄に異常はないかも確かめて帰路についた。

半分までさしかかったとき、馬の「右後足が落釘している」と後列の戦友から知らされた。

右後ろ足にしっかり装着したはずの蹄鉄が抜け落ちているというのだ。

さあ、たいへん。馬具の全部を背負わされ、裸馬の手綱をとり、列の最後尾をとぼとぼと、残り十キロの道のりを歩かされた。やっと帰隊したところで、こんどは全員注視のなか、馬に謝らされている。

「馬殿、馬殿。陸軍一等兵龍神喜一郎は満州風に吹かされて、ぼけぼけっとし、大事な鉄を落として申し訳ありません。どうかお許しください」

馬の前に土下座して、これをいわされるのである。

三度繰り返したところで、班長が「どうだ、許してくれたか」。

「いいえ、返事してくれません」と答えると、「謝り方が悪い。馬が返事するまで続けろ」と、こうだった。

情けないやら、アホらしいやら——。夕暮れ、ほんと、満州風

龍神喜一郎

は冷たかった。

オーラオーラ

明治以前は馬用わらじを使用

前章までに「去勢」をはじめとする「馬匹《びひつ》改良」事業について述べたが、この重要な蹄鉄部門においても、軍事的にみて、日本は諸外国との間に格差があった。先にも引用した司馬遼太郎『この国のかたち・四』には「馬」と題して次のような記述がみられる。

「（日本には）明治まで蹄鉄はなかった。馬の蹄は、減りやすく傷みやすい。とくに人や荷を乗せたり、礫地《れきち》をゆく場合に、損耗がはなはだしく、蹄を傷めてしまえば、馬はうごけなくなる。この蹄を保護する道具を装蹄具といい、その決定的なものが蹄鉄なのである」「ヨーロッパでは、十世紀ごろから蹄鉄が普及しはじめた～日本では、古来。馬沓《うまぐつ》をはかせた。ふつうは、わら製である」

ここらあたり、早坂昇治『馬たちの33章』（緑書房）によれば、

「日本在馬は生まれつき蹄が丈夫なため、蹄鉄を付けなくても平気で山野を走れたので、装蹄術も広まらず、蹄鉄が一般化するのは明治以降のことになる。ただ、山道や長距離を歩かせる場合、時に蹄を保護するため、ワラで編んだ馬用のわらじを履かせた」「ワラだけでは

なく、コウゾ、シュロ、ミョウガ、生糸で編み込んだ馬わらじが使われたこともあった。とくに踏傷（蹄の裏には柔らかい肉質部があるため、小石などを踏んだときにできる傷）防止と戦勝の縁起をかつで、ミョウガの茎から作った馬わらじは『千里（戦利）沓』、女性の髪の毛で編んだ馬わらじは『万里沓』と呼ばれていた」

これでは、とてもじゃないが、去勢手術問題と同じく、近代戦を行なえるものでない。

フランス式蹄鉄術からドイツ式蹄鉄術へ

いくつかの資料をみると、日本で装蹄術が導入されたのは、明治七年（一八七四年）、陸軍の兵学寮でフランス式装蹄術を教育したのが始まりとされる。蹄鉄工制度が設置され、蹄鉄工養成の仕組みが発足した。やがてドイツ式装蹄術が伝えられ、明治二十年（一八八七年）、このドイツ式が正式の陸軍蹄鉄術教範となっている。

フランス式からドイツ式への転換は普仏戦争（一八七〇～一八七一）でドイツの前身国家であるプロシアが勝利したことによる。以降、日本陸軍がドイツ一辺倒に傾斜していったことはよく知られているとおりだ。

ただ、関秀志他『北海道の民具と職人・北の生活文庫第三巻』（北海道）をみると、「装蹄術が北海道に導入される事情は、府県と異なり、最初はロシアの蹄鉄が入ったことである」と記されている。雪が多いうえ、路面凍結がよくみられる北海道では、「開拓使の鉄工所」

でロシア式蹄鉄が製作されていたということだ。このロシア式と先の陸軍によるフランス式採用とのどちらが早かったかについての資料は見当たらないが、北海道では陸軍方式と並んで冬季使用に備えた独自の方式も普及していったようだ。

「本道（北海道）の場合は少し事情が違っていた。明治七年、開拓使は樺太庁を通じて馬ソリとともに鉄工所で、ロシア式の蹄鉄を製作させたと記録されている」「日露戦争後は、軍用馬のほかに農耕馬も急増し全道で千四百人余の蹄鉄工がいた。馬産国北海道は全国で最も蹄鉄業の多いところだった」（鈴木トミエ編著『小平《おびら》百話』共同文化社。小平は北海道日本海側の留萌支庁管内に位置する）

なお、軍隊における初年兵特業教育の「テッチン」課程を終了した者には卒業証書が授与され、これがあると、除隊時、無試験で装蹄師（蹄鉄工）資格を取得できた。

「修業者の教育が終了したらば、連隊長は蹄鉄工兵を命令して正式の蹄鉄工兵となる。除隊した時には、連隊長が蹄鉄工修了書を出すと、農林省で装蹄師免許を無試験で与える」（中島三夫『陸軍獣医学校』陸軍獣医の記録を残す会）

現代における装蹄師は、馬の生産地、競馬場、各地の乗馬クラブなどで活躍しており、総数で約五百人を数えるということだ。

「オーラ」の由来

ここで、ふたたび、先の伊藤桂一氏の著書『戦旅の手帳』（光人社）から引用させていただくと――。

「（作戦行動中においては）蹄鉄の予備は四肢分を用意している。蹄鉄がはずれると、これも、歩いて引いてゆかねばならぬからである。古い兵隊は、行軍中、馬の蹄の音をききながら、ふと、前方を行く馬の音の不調に気づくと、注意して、その場で、鉄の釘を締めさせる。つまり、馬の、入りみだれて歩くあしおとをきいていても、その中から、蹄鉄のゆるんだ馬をみつけ出す、そういう訓練ができ上がっている。騎兵における兵隊の年季というものは、そういうところにあるのだ」

そして、余談めくが、行軍中に出会った次のような「奇蹟的な」物語も記されている。

「地区の村々は、すべて、土壁をめぐらしていた。これは、土匪が多いので、自衛のためである。ある時、村民が一人残らず残っていて、私たちの部隊を、人々が、土壁の外で出迎えてくれた村があった。そうして女たちは、炊事を手伝ってくれ、自分たちのつくった料理もわけてくれる」「こういう奇蹟的なことの生じるのは、この村が、宣教師によって、一村すべてキリスト教に帰依している場合である。信仰に支えられているので、兵隊を、少しも恐れないのである」

この後段の記事と関連して、これも余談的になるが、言うことをきかない馬をおとなしくさせるさい、兵隊が「オーラ、オーラ」と声をかける場面が戦記物によく出てくる。「ちょっ、

ちょっ、ちょっ。オーラ、オーラ」といった調子だ。童謡「めんこい仔馬」（サトウハチロー作詞）にも「呼べば答えて　めんこいぞ　オーラ」（一番）とある。

この「オーラ」はフランス語で「おおそこだ、そこ」といった意味があるそうだ（槍友会『槍部隊史』）。来日して陸軍に装蹄術を教えた「お雇い教師」のフランス陸軍指導教官が馬を御す際に使っていた言葉に由来するといわれる。

女主人の誤解

この「オーラ」の話をもうちょっと続けると、こんなハナシが生まれている。

戦前の出来事で年月日は不明だが、満州・琿春《こんしゅん》に駐屯していた部隊の蹄鉄班が、地元満州人（当時）の空き家を借り、にわか仕立ての火床をつくって新しい蹄鉄を製造したり、行軍で傷んだ蹄鉄の取り替え作業を急いでいた。例によって、ときに暴れる軍馬相手に「オーラ、オーラ」と声をかけ、足の具合を見ている。

「満人たちは物珍しそうに表に立ち止まり眺めている。日本の兵隊が鍛える蹄鉄と、馬の足を無造作に上げて削蹄をやり、鉄を打ちつけるのを感心して見とれて居る」（宮井佳夫『軍馬と火線』紙硯社、昭和十七年）

そのうち、空き家の持ち主である女主人やその娘さんたちが菓子類などを持ってくるようになった。じつに親切である。それが度重なるから、一番若かった責任者の蹄鉄工長（伍

「オーラ、オーラ」。馬匹検査場に向かう徴発馬（『愛馬読本』より）

長）さん、まんざらでもない。分配にあずかる部下の兵隊たちも、「工長、どうもこの家の娘のムコさん候補になったらしい」と冷やかしながらも、喜んでいた。馬蹄形の飾りには「魔除け」「幸運が舞い込む」といった民間信仰もあるのだ。

だが、やがてコトの真相が分かって、みな、あっけにとられ、そして顔を赤らめ、その場を逃げ出したい気になっている。

部隊本部にこの話が伝わり、近来希ないいハナシじゃないかと、蹄鉄班の上官が御礼の言葉を述べに出かけた。そのさい、なぜ、こんなに親切に、と事情を聞いたところ、女主人の返事はこうだった。

「日本軍が進駐してくれたお陰で世間は静かになった。ありがたいと思っている」。でも、馬の面倒をみている兵隊さんたちはまことにお気の毒。誰にもいえることでないものだから、可哀相に馬を相手に「オーラー、オーラー」と言っている。だから、せめてもの慰めの気持を込めてお菓子を差し上げているのです――。

よくよく尋ねてみると、「オーラー」は、満州の地方言葉で「餓了」（オーラー。腹が減った、ハラ減ったよ）に通じるものだったのだ。

『馬と兵隊』には、あとでこの話を聞いた部隊指揮官らは、「甘い物には目のない伍長の顔は丸潰れだ。一同、腹をかかえて笑った」とある。

初年兵の哀歓

しんどかった蹄の手入れ

兵隊の苦労は続く。「将校商売、下士官道楽、兵隊ばかりがご奉公」

せっかくの蹄鉄なのだが、ほんと、馬にとっては迷惑至極な話だったし、一方、兵隊たちにも随分と戸惑わせるものとなっている。

例えば、先に紹介した山本七平『私の中の日本軍・上』には、こんな記述がみられる。

「この蹄鉄のため蹄が乾燥してわれてしまうのである。そこでそれを防ぐため蹄を水洗し、蹄叉《ていさ》にぎっしりつまった馬糞などの汚物を除くとともに十分に水分を与えてから、水分が逃げないように蹄油を塗る」「それを怠ると、蹄がわれるだけでなく蹄叉腐ランという病気も起す。これがひどくなると、蹄叉がまるでコンニャクのようになってしまう。いわば『馬の水虫』で、この根治は不可能といいたいほどであった。例の民間療法では蹄叉に岩塩をつめこむのだが、馬の足を持ち上げて蹄叉に岩塩を一粒ずつ押し込む作業は、文字通り『シンドイ』の一語につきる」

京都伏見にあった輜重兵第五十三連隊で初年兵体験を持つ作家水上勉は著書『馬よ花野に眠るべし』（中公文庫）の中で、主人公に次のように語らせている。

「馬の蹄は、馬体の全重量を支えて地めんにつけとるとこでな。たった四つしかないんや。馬ではいちばん重要なとこでのう。むかしから『蹄なければ馬なし』いわれるぐらいの大切なとこや。蹄が丈夫か丈夫でないかで、馬の能力がきまるねんやな。新馬はこれまで、山か野道ばっかり歩いてよったさかい、蹄は自然に発達しとるけど、こっちへきてから、セメントや石の上ばかり歩かされるさかい、のびるより減る方が早いねんや。せやさかい、蹄鉄も打たんならん。それだけに傷にも敏感なところがあって、トゲ一本ささっても歩けん箇所があるで、大事にせにゃァ」

裸足で駆ける初年兵

東京目黒の輜重兵第一連隊の初年兵、田口盛男二等兵＝写真＝は、それまで馬車は見たことはあったが、心底から「馬が怖かった」し、まして馬に触るなど「とんでもない」話だった。東京生まれの東京育ち。機械工場で働いていた。そんなもんで、入隊直後、思い余って「自分は機械工の経験があります。自動車部隊に回していただきたくあります」と中隊長に転属替えを申し出ている。

だが、吹けば飛ぶような初年兵の希望なんか、耳を傾けてくれる軍隊ではなかった。それ以前に、初年兵がのこのこと中隊長室に出向くなんぞ、異例中の異例の出来事ともいえるものだったが、それでも中隊長は申し出の内容に耳を傾けてくれ、最後につけ加えた「馬も可愛いもんだよ」という「温かみ」のある言葉が心に残った。で、以降、「悪戦苦闘」しながらも、それなりに頑張っている。（この中隊長は、名前は郡山中尉といったが、のち中国戦線で壮絶な戦死を遂げた）

以下、田口盛男『陸軍輜重兵を命ず』（ミリオン書房）からの引用となる。

のちの世に「精神主義の権化」みたいにいわれる帝国陸軍なのだが、田口二等兵の目からみて、それなりに「なるほど」と一面の合理性をおもわせるところもあった。

初年兵の乗馬訓練が始まったのだが、「万事馬まかせの乗り手くらい惨めなものはない」。馬が走り出すと、馬の動きに合わせて尻がゴテン、ゴテンと前後左右に揺すぶられ、身体が右に左に傾いてあげくの果ては落馬だ。古参兵に怒鳴られるのは当然としても、このとき見事な手綱さばきを見せた同年兵もまた、さんざんドヤされるのだ。

「なまじ地方で馬に慣れていた者は、地方流の馬の扱い方が身についてしまっていて、軍隊式に矯正するのが厄介なのである」

あるいはまた、輜重兵は初年兵時代から長刀を腰に下げ、かなりぶかぶか、だぶだぶの皮長靴《ちょうか》をはかされていた。（格好いいとあって、あこがれて輜重科を志望する者も多かった）。ぶかぶかなのは落馬のさい、鐙《あぶみ》にからんだ長靴から足が容易に抜けるようにという理由があった。

乗馬にも自信がついた田口一等兵（『陸軍輜重兵を命ず』より）

もっとも、鐙には長靴を深くかけてはいけない。でないと落馬のさい長靴が外れない。ずるずると引きずられているうち馬に蹴られる——。「鐙は爪先だけかける」。そんなふうに常々教育されているのだが、初心者はついつい足を深く入れてしまうのである。

「片方の鐙に長靴をぶらぶらさせながら街の中を走っている馬を何度か見たことがある。初年兵がその後ろから残り片方の長靴を持って裸足で走っていく」「馬はよく道を知っていて、さんざん走りまわったあげく勝手に（部隊の）営門をくぐって厩《うまや》にはいってしまう」「あとから駆けてきた初年兵はたいへんだ。衛兵にこっぴどくしぼられ、惨めな思いをすることになる。死ぬよりましかもしれないが、ぶざまであることにかわりはない」

つらい真冬の馬手入れ

さて、輜重隊の一日は朝飯も食わずに馬の世話からはじまる。馬は銃や帯剣と同様、兵器である。それも「活《かつ》兵器」（生きた兵器）だから、まずもって馬が第一、自分のことは二の次といった具合だった。

起床して準備体操と点呼を済ますと、全員駆け足で厩舎に急ぐ。中隊にはそれぞれ厩があって、班別に分かれて馬がいる。まず、それぞれ担当の馬を外に出し、水飼場《みずかいば》に連れて行って水を飲ませる。ごくり、ごくり、と飲む。「一回のごくりが約一合」。このごくりを三十回もやるから、たいへんな量だ。

兵隊は馬のノドに手を当てて、その回数を数えて厩週番上等兵に報告するのだが、回数が普段より少ないと身体の調子がヘンということになる。馬は体のわりに胃が小さく、腸が長い。おまけに嘔吐ができない。このため、過食や糞詰まりなどにより腹痛（セン痛）を起こしやすい。これを防ぐには「食べ過ぎさせずに水を十分に与え、よく運動させることが必要」なのである。

水飼が済むと、厩舎の周囲にある石柱の間に馬をつないで蹄の手入れとなる。

本項冒頭の引用文にも出てきたが、馬の足裏の後半部に「蹄叉」という三角形のひだがあり、重量物を載せると、このひだが左右に開いて弾力をもたせるような仕組みになっている。ところが、この蹄叉に泥やワラくずなどがよく詰まるのだ。放っておくと、蹄叉腐ランといって蹄叉が腐る病気になるから、「一日に一回は蹄底をきれいに掃除」してやらなければならない。鉄のヘラで蹄底のワラくずなどを取り除き、タワシできれいに洗う。あとは蹄の割れを防ぐため、ハケで蹄油をたっぷり塗ってやる。

「初年兵がまず泣かされるのが、この戸外での馬手入れだ。寒中の朝はさむい。北風のつよい日などは馬体の陰にかくれるようにして風を避けていても、手がこごえて指先の感覚がなくなってしまう。指はひび割れだらけだ」「馬体にブラシをかけようとしても、ハケがつかめないことがよくある～手からずり落ちそうになるハケを、反対の手で握り替え、握り替えしながら、ブラッシングしなければならない。真冬の馬手入れはほんとうにつらかった」

この馬体のブラッシングについては、本章のはじめに紹介した戸石泰一『消燈ラッパと兵隊』にこんな話が出ている。

「だいたい馬は、ふだんの手入れがかんじんで、それが足りないと、毛なみのつやが出ないのである。そこに、検査となったから、つやをつけるために、ブラッシでこするかわりに脂をぬった。それでこすると一応ピカピカになる。ところが、検査が終わってから、何を思ったのか、区隊長がその馬に乗った。ブラシをかけていないから馬はフケだらけだ。それが、ぬりたくった脂といっしょになって、区隊長のピカピカにみがき上げた長靴にべっとりと、はりついた。この時も、ひどく殴られた」

念のため記すと、このとき、筆者の戸石泰一氏（終戦時、陸軍中尉。のち作家）は仙台陸軍予備士官学校の幹部候補生（将校生徒）だった。軍隊で出世する気はまるでなかったし、初年兵のころとちがって多少は「軍隊ずれ」していた。それに予備士官学校という初年兵時代の生活とは全く異なった教育体制や雰囲気の中にあったから、こうした際どい芸当、いたずらにも似たワルサができたものであろう。

なお、この毛なみのブラッシュに関しては「馬にとってぜひとも必要な作業だった」と、これは、元満州ハルピン駐屯の材料廠中隊、川村勉伍長は語っている。

「（全力で走っていた馬の）馬体は全身汗でびっしょり濡れ、さながら水の中から上がったようであった。私が着いた時には、大分時間が経っていたので、汗が乾いて毛が皮膚にぴったりくっついていた。長時間手入れしないとこういうことになる。これによって皮膚に汗の塩分が毛と一緒に毛穴に付着して息苦しくなるのである」（『鉄道兵物語』文芸社）

暴れる軍馬

馬の位は兵の上

なんてたって軍隊は階級社会である。馬部隊には「将校、下士官、馬、兵隊」という言葉があったそうだ。あの放浪の天才画家・山下清画伯のセリフではないが、「馬の位」が兵隊の上にくるとあっては兵隊の立つ瀬がない。

もうちょっと、田口盛男二等兵『陸軍輜重兵を命ず』が語るところの「馬物語」を続けてみると、馬もそうした人間世界のウラ事情を知ってか知らずか、「人間の気持ちがよくわかる動物」で、馬の扱いにド素人の初年兵をバカにし、こちらが怖がっていると向かって来るとある。

「前足を持ちあげて、人間を抱え込もうとする。こんなのに可愛がられたらそれこそたいへんで、前足でポカリとやられでもしたら一巻の終わりである。初年兵が馬にからかわれているのを、どこで見ているのか、こういうときには厩週番上等兵がすぐ駆けつけて、燕麦のはいった餌袋を馬の口にかぶせ、袋のひもを馬の(両方の)耳にかけてしまう。好物の燕麦を食いながらでは馬もあばれない。そういう場面に直面すると、やっぱり年季が入っているなあ、と感心させられる」

こうした馬の向こう見ずに暴れる習性を矯正すべく、軍馬として徴発するさい、オスには去勢施術が行なわれていたはずなのだが、そこらあたりはどうなっていたのか。

「馬が元気よすぎるのも、初年兵には厄介だ。輜重隊の馬は、穀類はもちろん、青草や干し草の馬糧に事欠かない。そのうえ、比較的運動不足だから、放馬でもしようものなら、プープービー大きな屁をひりながら、連隊の広場をところ狭しと駆けまわり、飛びはねる」

「連隊のオス馬はたいてい去勢馬だけれども、なかには完全に去勢できていない馬がいて、そういうオス馬がメス馬の後ろにまわり、たいへんな乱闘におよぶことがある。そんな凄絶な愛の交歓を見せつけられると、慣れないうちは胆をつぶしてしまう」

なるほど、ときに戦場で子馬を産む場面が出てくるのは、ここらへんにも理由の一つがあったのか。繰り返すようだが、それにしても部隊のチェック体制はどうなっていたのであろうか。強い疑問が出てくることになるのだが、そんな馬が毛付馬（専用馬、担当馬）になったりすると、目も当てられないことになる。

「この馬は去勢が完全ではなかった。だから気がつよく、反《そ》るクセがある。最初に気づいたのは私だった」「すんでのところで命を落とすような危ない目に会って、反るクセが分かったのである」

田口二等兵が夜の水飼をすませ、馬房に入れようと手綱を引いているときだった。とつぜん、なにか重いものが頭を押し潰すようにぶつかってきた瞬間、まるで空から降ってきたかのように、馬の前足が二本、目の前に並んだ。手綱を長目に引いていたので、馬が反って立ち上がったのに気づかなかったのだった。

「馬は前足を上げて立ち上がり、そして足を地上につけたとき、私を抱え込む格好になった。

私のいた位置が上からかぶさってくる馬の腹の下だったからよかったのだ。前足で叩かれでもしていたら、それこそお陀仏だった」

――去勢馬の管理体制といい、あの厳格をもって鳴る軍隊だったが、意外な点で甘さ、手抜かりがあったということになる。そんな具合だったから、底辺の兵隊たちは、余計な苦労を強いられるのだ。

これは四国・善通寺編成の第四十師団山砲兵第四十連隊の場合だが、そのへんの隠れた事情を物語るこんな資料がある。物事にはオモテがあればウラもある。軍隊とて変わりはない。

中国戦線武漢近くに駐屯中の記事だが、筆者はやがてインパール作戦に転戦（このときは山砲兵第三十一連隊所属）。軍馬のことごとくを失い、飢えや伝染病に苦しみながらも、豪雨と冷雨下のアラカン山系を班員と共に砲を分解して人力で運び通すという強烈な戦闘体験を持つ。最終階級、曹長。

「当時、日支事変の拡大に伴い、多くの馬部隊（砲兵、輜重、歩兵大隊行李等）が創設（十個師団）されたため、軍馬に不足を来し、軍の軍馬徴発委員会及び委託された地方行政機関の購買官等は、農家等を一軒一軒回り、高値にて軍馬を徴発。購買して必要馬数を集めた」

「昔気質で頑固な農家の飼主は去勢を嫌がり、隠れて（去勢を）実施しない馬もあり、また去勢しても、手術が半端で片睾丸の馬ができ、平時なら失格馬として徴用されないが、戦時ではやむを得ず徴発。購買され、入隊した片睾オス馬がいた」（村上八十八『わが戦記―軍馬と共に―』)

馬に蹴られた上等兵

中国河北省にある石門(旧石家荘)陸軍病院内科病室に一人の兵隊が入院してきた。昭和十六年(一九四一年)春のことだった。

「荒れ狂う馬を取り静めようとして、蹴られ、土堤に倒され、後頭部を強打して『外傷性の神経障害』で入院してきたのは、小野上等兵でした」

青森県出身、日本赤十字救護班第百十班・花田ミキ看護婦=写真=はこの小野上等兵の面倒をみている。「顔と顔面が、戦闘帽を境にして、くっきりと日焼けした部分と、そうでない所を区切り、ほほは赤く、若々しい現役の下士官候補者でした。しかし、ある一点を茫《ぼう》として凝視しているような瞳をしていました」

以下、花田ミキ『語り継ぎたい―父母たちと私の戦中記録―』によれば、小野上等兵は「何をたずねても返答はありません」「ことばを全く理解できず、ごく少しの単語しか話しません」。凶暴性があるわけではなかったが、じっと押し黙ったままだった。それでいて人が近づくと恐怖の色を浮かべ、後頭部に触れようとすると手で払いのける動作をする。

「名前を書け」と軍医が紙とエンピツを持たせると、大きい丸い円とその下にしっぽが生えたような「異様な」絵を書く。指を広げさせ、一本、二本と数えてやっても、首を傾げて

日赤救護看護婦・花田ミキ〔上〕と、日赤から花田に届いた「戦時召集状」〔左〕

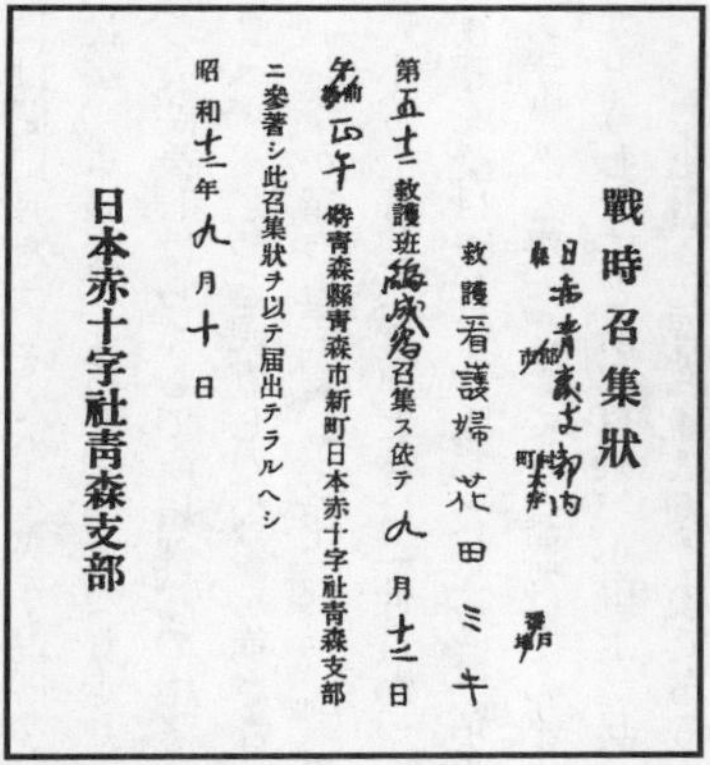

戰時召集狀

日赤青森支部内

救護看護婦　花田ミキ

第五十二救護班編成為召集ス依テ　九月十二日

正午　青森縣青森市新町日本赤十字社青森支部

ニ参著シ此召集狀ヲ以テ届出テラルヘシ

昭和十二年九月十日

日本赤十字社青森支部

「困ったような」表情を浮かべるばかり。慰問袋に入っていたオモチャや写真誌「アサヒグラフ」を並べてみてもそうだった。食事はほかの患者兵と変わらない量を食べた。用便は付き添って済まさせてやっている。

こうして、オモチャの名前のひとつひとつ、写真誌に掲載されている事物のひとつひとつを覚えさせることで単語数を増やしていき、笑顔を取り戻させていったのだが、その対処法は現代でいうところの作業療法士、理学療法士、言語訓練士のハシリとも称すべきものであったろうか。

ただ、その療養期間中、病院内を出入りする軍人の軍服姿に異様なほどの興味をもっているのが際立った。そのさい、相手の顔をすかすように見上げながら、「スガハラ」「ハヤシ」と口走る。部隊にいる戦友の名前のようだった。「小野を散歩に連れてゆくのはいいが、軍服を見ると駆け出すのには閉口した」。そんなボヤキも聞かれたほどだった。ふらふら操り人形のように歩く上等兵が、軍服姿となると、いきなり走り出すのだ。

入院後しばらくして所属部隊の中隊長が見舞いに来ている。その夜、小野上等兵は夕飯も食べず、じっと硬直した姿勢を崩さないままだった。

「おなか痛いの」「ハヤシ死んだ。中隊長、話した」「林さんてお友だち?」「戦友……」

小野上等兵と菅原と林は「仲良かった」戦友同士であり、そのうちの一人の戦死に大きな衝撃を受けた様子があった。「私は宿舎に帰る前に、そっと戸口からのぞいた時も、相変わらず黙然と座っていて、食器はそのままでした」

どうしたことか、以来、小野上等兵の病状はめきめきと快方に向かっていったのだが、今にして花田・元看護婦は思うのである。

「回復した日は、すぐ戦場に帰っていくこれきりの別れの日であり、生死も定かでない境地に出発させる日である」「小野さんのような若者を、幾人、戦線に復帰させたことか。みすみす生命を消耗させることだったのだ」

「平和の中でこそ、看護は生かされるべきである」

春、黄塵万丈。病院周辺には満州の野を吹き渡る大陸の嵐があった。小野上等兵のその後は不明である。

「一年九ヵ月ニワタリ、悪疫流行、酷寒、酷暑ト不安ナル敵襲ノ恐威ヲ克服シ、一意専心看護ニ従事シ、総取扱患者、実人員八、八五五名、延人員一三一、八四三名ニ及ヒ、アルイハ敵ノ襲来未ダ頻々タル鉄路上、病院列車ニヨリ、後方衛生機関ニ患者護送ニ任スル等、軍衛生勤務助勢並ニ作戦遂行ニ寄与セリ」（石門陸軍病院勤務『第百十救護班総報告』）

第三章

青い召集令状

青紙の「馬匹徴発告知書」は馬の召集令状だった。
馬は一家を支える貴重な働き手。
その大切な農耕馬を軍に供出せよ、
という突然の命令なのである。
「町から村から」多くの軍馬が戦場に向かった。
「それは大陸への死の旅立ちでもある」
「軍事機密ということで、どこの戦場に送り出されたのか、
皆目わからない。拡大し続けた戦場のどこかで
異国の土となり果てたのかと思うと哀れでならない」

天駆ける愛馬

愛馬の出征

昭和十六年（一九四一年）十二月一日――。福岡県下にある多くの農家あて、村役場から青い紙の「馬匹《ばひつ》徴発告知書」なるものが一斉に届けられている。

農耕馬への召集令状だった。人に対する召集令状である「赤紙」のことはよく知られているが、馬の場合は徴発といわれ、「青紙」が使われた。

機械化がすすんでいる現代の農業とちがい、そのころの農家にとって馬はなくてはならない貴重な財産だった。一家を支える働き手として農家の「一戸に一頭」は飼われていた。その大切な農耕馬を軍に供出せよ、という突然の命令なのである。

冬の訪れを間近に田んぼのスキ起こしもやっと終わり、これから人も馬も一休みといったところへの「根こそぎ動員」だった。前もって軍用保護馬と指定され、旧騎兵隊出身の指導員によるチェックは時折行なわれていた。だから、かねて「覚悟していた」とはいうものの、こうも早く動員されるとは農家のだれもが思っていなかったのだった。

「それも三日後に差し出せというんですから、あわてましたなあ」

前原地区（現前原市）の農家の長男、高瀬静男さん＝写真＝の家にも、鹿児島産のオス一頭が飼われていた。「いい馬でした」。年齢は忘れたが、見事な黒鹿毛だった。「からっとした体つき」。名前はなかった。飼いイヌや飼いネコとちがって農家の馬は愛玩動物ではない。名前なんぞ必要としないのである。

高瀬は馬が好きだった。ひまをみては世話する。自分の食事前に馬に食べさせる。夕方には近くの小川に連れていって体を洗ってやる。よく肥えているのが自慢だった。

その馬が軍馬になるのだ。当時のこととて「名誉なこと、家門の誉れ」でもあった。さっそく「川入れ」してみがき上げている。そして氏神様への「武運長久」祈願へと、「人間の出征なみの騒ぎ」になっている。

馬の背には大きな「日の丸」がかけられ、好物のニンジンがたらふく与えられた。

高瀬静男

集合場所は福岡市内の城内錬兵場（福岡城跡、いまの平和台競技場付近）。午前八時までに連れて来い、とこうだった。福岡市まで歩いては遠い。そこで、前日の夕方、これも徴発馬を連れた近所の十人らと、盛大な見送りを受けて村を出ている。

軍用トラックで集めてくれたらいいのにと思うのだが、当時の軍には民間に対してそんな発想はない。それでいて、軍用馬である。馬が疲れるから乗馬での移送はまかりならぬ。引いて来い。そんな調子だった。高瀬たちは弁当と自前の飼料袋を背負い、手綱をとり、歩いての夜行軍となっている。

市内近くになって夜が明けた。同じようなグループがだんだん合流してくる。農耕馬は団体行動には慣れていない。興奮して、いななく。かみつく。舗装道路では足を滑らせる。すったもんだの騒ぎがえんえんと続いている。道端のあちこちには休憩場所がしつらえてあり、水を張った四斗ダルが並べられていた。夜っぴいて世話する沿道の方々も「ほんとにほんとに御苦労さん」であった。

錬兵場は「馬、馬、馬の洪水」だった。何百頭いたか、何千頭いたのか。いななき、はね回る。広い錬兵場全体がうわーっという騒音と土ぼこりに包まれていた。それにしても、いま、なぜ、軍はこんなにまで多くの軍馬を必要とするのか。

高瀬の番になった。登録台帳の馬籍簿と照らし合わせ、買い上げ代金を受け取り、引いてきた手綱を「馬匹徴集委員」の兵隊に渡し、馬の鼻面をなでる。そこまでだった。これから馬がどこへ行くのか、どこの部隊に配属になるのかも知らされなかった。

それが、高瀬と愛馬との別れとなっている。

南方への航海

三日おけば、十二月八日。

人馬一体で進む中国戦線の日本軍部隊。軍馬は各地の戦場に送り込まれた

日本海軍はハワイ真珠湾を攻撃した。太平洋戦争がはじまった。

同月十七日、こんどは高瀬本人に召集令状が舞い込んできたから、あわただしい。

二度目の召集だった。最初の召集では、まるまる三年間を満州などで過ごした。陸軍歩兵伍長となって、この年の春、除隊したばかりだった。

十ヵ月余の我が家生活で、またまた軍隊へ後戻り。なんともせわしない動員である。

「（開戦とともに）召集兵が続々と入隊し、営内は熱気を帯びた。この召集兵の大部分は、将校以下兵に至るまで菊部隊（第十八師団・久留米編成）と熊本第六師団の出身者で」「四年兵や三年兵で満期除隊した歴戦の勇者、しかも早い者は二、三日を家庭で過ごしただけで、召集に応じた者もいた」（歩兵第百十三連隊『ああ滇緬《てんめん》公路』）

そんなわけで、高瀬はいわゆる「兵隊ずれ」していたから再入隊に戸惑うことはなかったものの、支給された軍服と直後に始まった訓練には目を見張っている。

夏の防暑服、そして上陸演習の毎日なのである。それまで、少なくとも陸軍に関しては対ソ連（ロシア）を意識した教育が行なわれていた。島嶼戦ではなく、大陸における陣地戦、遭遇戦であり、戦法も装具も武器も、多くが冬季に備えたものとなっていた。高瀬自身、最初の兵役で駐屯した寒い満州で、みっちりと鍛えられたものだった。

それが、いま、「われわれは、南方要員なのか」。高瀬軍曹はちょっと遠い目をして、そんなふうに思っている。（再入隊後、軍曹になった。終戦時、曹長）

年が明けて間もない十七年二月十七日、第五十六師団（通称号・龍）歩兵第百十三連隊は門司港から船出している。行き先は、やはり南のサイゴン（現ベトナム・ホーチミン市）ということだった。

小さな、可愛い人形が高瀬の胸に下がっていた。出征に当たって完全武装姿の連隊全員は県北部にある宗像神社に参拝した。そのさい、地元の宗像高等女学校（当時）の生徒から将兵たちに贈られたものだった。リボンには「祈武運長久」とあった。以来、隊は「人形部隊」と呼ばれるようにもなっている。

航海中、こんなことがあった。

以下、先の『ああ滇面公路』によれば――。

防暑のことだが、兵隊たちの暑さ対策もさることながら、連隊では船に乗せた軍馬の防暑策が大きな悩みだった。そこで、頭を絞った末、獣医部では「毛刈り用の大小さまざまなバリカン」を船内に持ち込んでいる。南の海域に入ったら馬の体毛を短く刈り取り、「暑さをすこしでも和らげ」させてやろうという苦心のアイディアだった。

そこで、こんなハナシになる。

南十字星が見えてきて、明日あたり刈り取ろうとかいう相談がまとまった。

「朝、船倉の一番下にある厩舎に馬の様子を見に行き、馬体に触り毛をなでると、何の抵抗もなくサーッと毛が抜けてしまう。こんなに急に毛が抜けるものかと不審に思い、他の馬にさわってみても同じである」「おかげで内地で待機中、準備携行した沢山の毛刈り用バリカンは、何の役にもたたずに終わったのであるが、動物の気象条件に対する順応性についての初体験をし、ただただ驚き入るばかりであった」

サイゴンでの愛馬との再会

さて、サイゴンである。

上陸直後の岸壁で、連隊長殿が「我々は一等国民である。矜持を保ち、正々堂々と、そして軍規正しく行動するよう」「小休止といえども腰を下ろしてはならぬ」なんて訓示するのだが、兵隊たちは文字通り「馬耳東風」だった。

なにしろ、初めて見る東洋の小パリ・サイゴンなのだ。風物、なにもかも珍しいものばかり。貫禄を示さなければならないはずの高瀬軍曹ら古参兵たちもきょろきょろだった。

ある日、広場の一角に連隊の仮厩舎がつくられているのに気づいた。何百頭もの軍馬がいる。簡単な施設で、太い木材を距離を置いて打ち込み、その間にロープを張る。これに馬の手綱をつないである。

前にも書いたように、もともと高瀬は馬が好きだ。それに、馬を供出した家の者だったら誰もが抱く、ひょっとしたら徴発された馬がいるかもしれないという淡い期待もあって。うろついてみることにしている。

高瀬家の馬には鼻先の「白の流れ」と「足の上の白毛」の具合に特徴があった。注意して見回ってみたのだが、どうも、いそうにない。似た馬がいて、おやと思うこともあったが、どれも違った。それに、いくら強モテの軍曹とはいえ、そうそう他隊の縄張りで大きな顔もできない。

あきらめて帰りかけ、なにかに引かれるような思いでひょいと振り向いたところで、あっと声を上げている。いた、いた、いたのだ。わが家の馬がいたのだ。うわーっ、であった。馬の方が先にこっちを見つけていたらしく、盛んに足をかいている。

声を上げながら高瀬は走り寄った。長い首に抱きついた。

馬もうれしそうに顔を上下になんども振り、両足をかいて、体をこすりつけてくる。高瀬の涙がその黒鹿毛の馬体に落ちている。

高瀬はついぞ知らなかったのだが、馬は同じ連隊の機関銃中隊に所属していた。船こそちがえ、同じ船団で、同じように船内の暑さに耐え、同じようにサイゴンまで来たのだった。

「よくぞ、ここまで元気で」と、ふたたび高瀬は、その首をたたき、背をたたき、頭をなんどもさすっている。

すこし離れたところで、遠慮深くこの様子を見守っていた係りの兵隊に聞くと、馬は小隊長専用になっているとのこと。そこで、高瀬は「家族同様だった」馬とのつながりをくわしく話して、よろしく、と頼んでいる。軍曹に頭を下げられ、その一等兵は「はっ、はっ、ハイッ」といっている。

それから三日間、高瀬は毎日この厩舎に通い、バナナや砂糖の塊などを馬に与えて過ごしている。掲載の写真は高瀬が持っていた写真機で兵隊に撮ってもらったものだ。

サイゴンで再会した愛馬と（高瀬静男氏提供）

「ほんと、奇跡というよりほかありません。それからビルマ各地を転戦、復員までの五年間、いろんなことがありましたが、この馬との再会が一番の思い出です」

雲南の雲海の上で

戦地に向かった高瀬軍曹は、転戦に次ぐ転戦の末、一年がかりでビルマ国境奥地まで行き、そこから中国雲南省龍陵の陣地に駐屯している。のち、ここでは壮烈な玉砕戦が繰り広げられるのだが、高瀬はそれ以前の戦いで右腕関節部を撃ち抜かれて後送されたため、危うく命を拾ったのだった。

ところで、その玉砕前の龍陵陣地での出来事なのだが、なんと、ここでもういちど、「わが家の馬」と出会っているから、びっくりさせられる。

馬はこの奥地の陣地に弾薬類を運んできた。高瀬は当番の兵隊に事情を話し、乗馬して陣地の山頂に登っている。だあれもいない明るい山の頂き。見渡せば雲海に浮かぶ山また山の連なり。懐かしき内地日本はあの雲の果てか。人馬一体。壮快きわまりない。

そのとき、愛馬の異変に気づいている。「往年の我が家にいた時の動作」とは、どこか違うのだ。下馬して「どげんした、どこか悪かとか」。話しかけるのだが、馬は大きな目をうるませて見つめるばかりであった。

——直後の戦闘で、高瀬軍曹は右腕に重傷を負って倒れた。このため、その後、わが家の馬がどうなったか、ついぞ分からずじまいに終わった。

「すこし弱っていた様子でしたからなあ」

いまもなお、あの「雲南の空をさっそうと天駆ける愛馬の姿」が目に浮かび、高瀬を深い思いに誘うことが多いのである。

馬匹徴発告知書

青色の徴発令状

人には赤紙の召集令状だったが、馬には青色の徴発令状だった。青紙の「馬匹徴発告知書」である。

ついでに記すと、白い徴用令状というのもあった。軍関係の工場に働く徴用工を対象にしたものだった。「応召の兵士が赤い紙の召集令状で呼び出されるのに対し、白い令状で呼び出されたことから『白紙応召』といわれ」「戦局の赴くところ、彼らはそれまでの自営業や会社勤めの生業を振り捨て、全く異なる仕事をさせられたうえ、外地に行ったり、工作艦に乗り組んだりして、ついには戦死した人もいる」（岡本孝太郎編『舞廠造機部の昭和史』鶴桜会）

赤、青、白と、にぎやかではあるが、青の場合、かねて軍馬育成を目的としている馬産地は別として、農耕用や荷馬車用に「家族同様」に扱っていた馬が徴用の対象となることは飼い主にとって大きな痛手だった。有無いわせぬ徴発なのである。

それでは、どういう仕組みで馬の徴発が行なわれたのだろうか。

茨城県水海道市教育委員会『歴史みつかいどう第十号』所載の長岡建一郎「軍馬徴発覚書(三)」は次のように語っている。茨城県における記述だが、全国的にほぼ似たような状況だったとおもわれるので、いくつか他の資料もつけ加えながら紹介してみる。

地方馬検査法に基いて村役場兵事主任は在村馬のリストをつくり、軍に提出する。これに基づき、軍は各家の馬の検査を行なって馬籍簿を作成する。「検査官は乗馬隊出身の佐官か尉官」が担当した。大きく分けて乗馬、輓馬、駄馬の区分があり、それぞれ、甲、乙、丙の等級がつけられた。乗馬は乗用、輓馬と駄馬は物資輸送用だった。輓馬は物資を積んだ車を引く。駄馬は背に荷物を載せて運ぶ（この場合、駄馬の「駄」はダメの意ではなく、荷駄、荷負馬のこと)。軍用候補馬あるいは次位の軍用保護馬に指定されると、若干の奨励金が出るが、その額は「二階から目薬」程度のものだった。

これらの候補馬、保護馬は近くの小学校の校庭や広場を借用して月二回行なわれる集団訓練、乗馬訓練、行進訓練への参加が義務づけられた。「頭右」「速足」「駆け足」。鉄道線路と平行の道を一列行進、二列行進で歩き、汽車が通り過ぎる轟音やいきなりの汽笛に慣れさせるといった訓練も行なわれている。

オス馬は三歳になると去勢しなければならなかった。近くの獣医に執刀してもらうか、茨城県では「去勢執行班」といった県知事委嘱の獣医団が県下を巡回した。「去勢をしないと罰せられた」。なお、種付馬または種付馬候補に認定された馬には「去勢猶予証」なるものが交付された。

これは小沢真人ら著『赤紙―男たちはこうして戦場へ送られた―』（大阪・創元社）からの引用だが、所載の「馬も徴発された」の項によれば、馬の徴発については、ほぼ人と同じ形式がとられている。軍から「馬匹徴発書」が役場に届けられると、役場では「馬匹徴発告知書」を作成して各飼主に通知した。

徴発馬は集められて最終検査を受ける。飼い主も馬も緊張気味だ（『愛馬読本』より）

「軍に馬を提供することが、村人の負担になったことは言うまでもない。一家の主や馬を戦争に取られた家族は、女性や子どもが中心となって農作業をすすめることとなったのである」

買い上げ価格と値上げ交渉

このさい、「購買官」から飼い主に渡される買い上げ金額は、資料によってバラつきがあるが、例えば、全国有数の軍馬補充部として知られた青森県三本木支部における「軍馬価格」は次のようなものだった。当時の「米価」と比較して記載されている。(『軍馬補充部三本木支部・創立百周年記念誌』から)

年次	軍馬価格	米価	比率
大正七年	一七〇円	八円四八	二〇俵
八年	二六〇円	一四円六〇	一八俵
十年	三三〇円	一四円二〇	二三俵
昭和六年	一〇〇円	六円五〇	一五俵
十年	三七〇円	一六円九〇	二一俵
十九年	四五〇円	一八円八〇	二〇俵

一般馬の平均価格は昭和六年を除き、「一五〇円前後」である。

昭和六年分が極端に落ち込んでいるのは、折からの世界大恐慌のあおりとみられる。また、末尾の行に「一般馬の平均価格」が表示されているが、軍部お抱えの補充部でもっぱら軍用育成されていた「軍馬価格」よりも、（当然のことかもしれないが）民間の農耕馬や荷馬車用馬はかなり低い価格で徴発されていたことが分かる。

余談になるが、同記念誌は、この表にある年次よりちょっと前の「大正五年の事件か」と断りを入れて、産馬畜産組合（地域によっては産牛馬畜産組合といった）による軍を相手取っての「値上げ交渉」騒ぎを伝えている。

「不況が長引いて来ると、のんきにしてはいられない〜殊に下層農民にとっては、頼みの馬の値段が安いとなれば死活の瀬戸際に立たされることになる」「もっと値上げしてもらえないか。農民の間には、うめきに似た訴えの声がうずまいていた」

購買官に値上げを率直に頼んだらよかろう。ただ、相手は県でいえば、知事さんにも相当しようかという軍のお偉方だ。軽々しくそばに寄ったり、口をきけるものでない。「どのようにして猫の首に鈴をつけるか」。この一点をめぐっての会議が長引いたとある。あげく、急先鋒だった組合幹部の一人が「恐る恐る」嘆願の議を述べることになったのだが、案の定、相手は「購買官を何と心得るか。烈火のごとく怒り」出している。

だが、ここで引き下がっては男がすたる。切腹覚悟で「農家の保護だけのために陳弁しているのではありません」「軍の将来のためにも」と「誠心誠意、事情を訴えた」。

翌年から「徐々に値上げされ」たというから、まんずまんずメデタイ話ではある。民間農耕馬らに対する買い上げ価格に影響があったかどうか。記事では触れられていないが、少なくとも悪い話でなかったということだけは確かであろう。

愛馬を見送る

さて、『歴史みつかいどう第十号』の記述に目を戻してみると、軍馬に徴用され、いざ、旅立ちの場面が多く出てくる。

木村菊次さんという七十歳をとっくに越えたお年寄りは「無類の愛馬家」で、飼馬「長生号」との別れが辛かった。地区で徴発された総数五十二頭は九州小倉にある野戦重砲隊に向け、現在の東北本線古河駅から軍用貨物列車で出発することになった。貨車一両に六頭ずつ乗せられたが、移動中、その世話に当たる民間人が必要だった。

「誰もが八月末の烈日のもと、九州くんだりまで行くのは希望しない」。そこで飼主たちがクジ引きで行くことになったのだが、木村老人だけは「クジなし」で乗るというのだ。「馬といっしょに行く。途中、自分は死んでも本望」

実は送り出す村役場側としては、この木村さんだけは乗車願い下げにしてほしかった。「馬はもう小倉重砲のものだ。従って引率の責任は軍にあるし、（お年寄りの）木村さんにもしものことがあったら困る」。しかし、がんとして周囲の説得に耳を傾けない。止むを得ず、乗車してもらったのだが、幸い、道中つつがなく、無事に小倉まで送り届けている。帰りは、ついでに「お伊勢参りしてきました」という報告に、役場の兵事主任は「涙が出て仕方なかった」とある。

なお、こうした場合の旅費、宿泊費、日当は軍から支給された。

飼い主に手綱を引かれ、集合地に向かう新軍馬。日の丸が見える（『標茶町史』より）

石島貞吉さんもまた、かなりの年配だったが、乗馬したまま、古河駅まで行っている。軍から乗馬禁止の通達があったはずなのだが、どこ吹く風。日露戦争の「勇士」で、あの秋山好古騎兵集団の一員として満州の野を駆けめぐった元騎兵軍曹だった。「おれの馬は十一里や十二里で倒れるようなヤワでない」。愛馬のたてがみをなでながら悠々たるものがあったということだ。

当時出征していた植木平左衛門の母親の場合、出征前の息子があんなに可愛がっていた馬だから、息子に代わって「わたしが見送る」と頑張っている。自転車の荷台に「ニンジンやその他の馬糧を積んで」駅までついて行った。そして馬が貨車に乗り組むまで見届け、最後は「頑張れよ、お前！」と声をふり絞っている。

「炎天下を帽子もかぶらず、髪の毛を振り乱しながら、馬の行列に付き添って行った姿は涙ぐましかった」

そんなこんなで、さまざまな思い出を残して、いま、軍馬がゆく。

愛馬は還らず

涙の別れ
数多くの別れがあった。
紹介ずみのサトウハチロー作詞「めんこい仔馬」(五番、レコードは昭和十六年発売)には次のように描かれている。これは子馬との別れを題材にしているが、いずれ軍馬になる、と歌われている。

明日は市場かお別れか　泣いちゃいけない泣かないぞ
軍馬になって行く日にはオーラ　みんなで万歳してやるぞ
ハイドハイドウ　してやるぞ

つけ加えると、戦後、この五番と三番の歌詞は「戦時色」が濃いとしてカットされ、新しい歌詞に取り替えられた。ちなみに旧三番の歌詞は次のようなものだった。

「紅い着物《べべ》より大好きな　仔馬にお話してやろか　遠い戦地でお仲間が　オーラ　手柄を立てたお話を　ハイドハイドウ　お話を」

　学校から帰ると、厩舎に「第三山桜号」「第一山吹号」等、馬の名を朱色で書いたズック袋が並んでいた。祖父は一頭一頭にほほずりし、何度も顔をなでながら、大豆とフスマのたっぷり入った飼葉（飼料）を与えていた。その袋を見たとき、ついに軍馬として赤紙がきたのだと子ども心に思った。それは大陸への死の旅立ちでもあるのだ。

　翌日、役人がきて手綱を引いたが、馬は首をふり、なかなか動かなかった。最後のいななきは何を訴えていたのか。大きなあの優しい目が潤んでみえた。涙して家族で見送った。名誉なことだから仕方ない、と母がつぶやいた。頑強な馬ばかりが駆り出されたから、馬車屋としての生活は苦しかった。

　終戦後、人々は大陸から生還して平和が戻ったが、わが家の愛馬はもちろん、軍馬の一頭も生還した話は聞かない。（名古屋市　松山静江「愛馬は生還せず」。昭和六十二年二月二十六日付朝日新聞「声」欄）

駅のホームでの辛い別れ

長野県北安曇郡大町（現大町市）の上条みさをさん＝写真＝は馬が好きだった。

家で飼われていた馬の名前は「あお」といった。農耕馬ながら、栗毛の立派なオス馬だった。夕方、野良仕事の帰り、馬の体の汚れを洗いに川へ行く。さっぱりした「あお」の背に乗って家路をたどる。信州の夕暮れにさわやかな風があった。

「女のくせに、なんだやあ！ 裸馬に乗ったりしてえ。嫁にもらい手がねえぞ」

そんな声があっても、いいじゃないのさ。馬に乗ってればいい気分だし、その背から見える北アルプスの峰々は美しいし。とはいっても、忙しかったねえ。六人弟妹のいちばん上の長女として、体の弱かった母親を助け、よう働いたもんだ。

当時、娘盛りの十八歳。末っ子の二男坊、恒彦（当時、二つ）なんか、手のかかる弟だったねえ。いま、歌手、俳優になって、ヒゲなんか生やしてっけど――。

昭和十六年（一九四一年）夏。上条家に村役場から馬匹徴発告知書が届いている。農耕馬への召集令状であった。直後の十二月には太平洋戦争が起きている。軍部は直近に迫った大戦に備えて大量の軍馬を必要としていたのだった。

いよいよ明日は軍の錬兵場へ連れて行くという日、「川入れ」して馬体をみがいてやった。夜、好物の「塩とフスマ」を入れた米のとぎ汁を与えてやった。「あお」は満足そうに音をたてて飲みながら、優しい目をして「じっと私の顔」を見ていた。

「次の日、急いで厩に行ってみました。『あお』はどこにも見当たりません。馬のにおいが

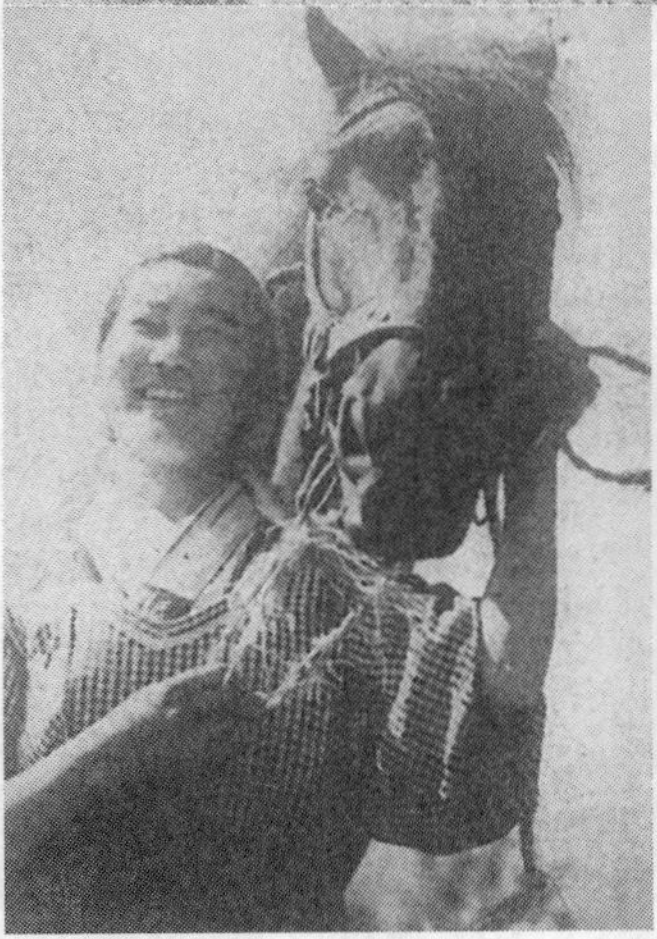

上条みさをと栗毛の「あお」。軍歌「愛馬」の歌詞ではないが、「どこへ行くのもふたり連れ」だった(いずれも上条みさをさん提供)

上条みさを(中央)。左はご主人、右は弟で歌手・俳優の上条恒彦

残っているだけです。娘があれほど可愛がっていた馬との辛い別れを思い、父はきっと私に対する配慮から暗いうちに連れ出したのでしょう」（上条・手記）

それから、どのくらい日数が経っただろうか。暑い日だった。

手伝いのおじさんが「馬が出て行くど」と駆け込んできた。「馬が今日、戦地に行くだで、早く行かなきゃ間に合わねえぞ」。そして、自分の自転車の後ろに乗せ、駅までわっさ、わっさと漕いでくれている。

駅に着いたが、すでに徴発馬の群れは貨車に乗せられていた。一斉に首を出している。兵隊に事情を話して「あお」を見つけようとするが、「どの馬も同じような顔」に見え、どこにいるのか分からない。夢中で「あお」「あお」と叫びながら、駅ホームを小走りに捜している。もう、だめか。

「そのときです。だれかに背中を引っぱられるような気がして振り向くと、なんと、『あお』が、私のエプロンの端をくわえているではありませんか」

馬の首っ玉に抱きつき、大声で泣いている。馬もまた、なんども、なんども、首を上げ下げして喜びを表わしている。

それが、愛馬「あお」との再会であり、そして、辛い永遠の別れとなったのだった。

最後を知らせる手紙

こんな別れもあった。

慶応年間生まれの祖父は「九歳のころから手綱を取り、農耕にはげんだ」とよく話していた。そのせいか、私の生家があった福島県の地方で「アオ」と呼ばれていた青馬に対する愛情も異常なほど深かった。アオもまた、それに応えるかのように、祖父が所用から帰り、せき払いすると、マグサを食むのを止めてヒヒンといないた。

日中戦争勃発の前年、昭和十一年（一九三六年）の秋、我が家のアオにも軍馬としての徴用令状がきた。

出立ちの日、父が手綱を取って木戸口を出たとたん、前足を突っ張って暴れ出した。祖父がたてがみをなで「お国のためだ、おとなしくして、ご奉公してこい」と諭すと、観念したように歩き出した。

翌春、知らぬ兵士から、アオの最後を知らせる手紙が届いた。それによれば、アオは中国江南の戦場で砲弾を受けて倒れた。

故郷の方に向かって立ち上がろうとしたが、息絶えたという。その時、何か訴えるような物悲しい目が心に残り、一筆したためたとあった。

傷口を祖父になでて欲しかったのであろう。馬もまた、戦争の犠牲者であったのかと時折、思い出す。（青森市　二瓶稔「悲しい目をして戦死した愛馬」。平成十九年十二月十七日付朝日新聞「声」欄）

町から村から

はなむけは道端の草

「昭和十三年（一九三八年）七月、私たち農家にとって、かけがえのない農耕馬に徴用令がきた。戦火は満州から北支那（中国北部）へと広がっていった。国家の命令とはいえ～家族の一員のようにしていた馬を差し出さねばならぬ無念さに皆で泣いた。家族全員で『武運長久』と書き、それをこよりにして、馬のたてがみに固く結んで、今まで食べさせたことのないご馳走を、飼葉オケに入れて食べさせて門出を祝い、私が手綱を取って集合所の小学校まで連れていった」「途中、隣村の神城の馬と合流し、夜十時ごろ、真暗な道を堂崎から青具街道を検査場がある長野市に、夜間だけの三日がかりの行進で着いた」

「私の馬はどこに居るのか、皆目分からず、後ろ髪を引かれる思いで、営門口の方へ向かって歩いていると、盛んにいななく馬が居たので近づいてみると、なんと、それが私の馬ではありませんか。馬が私を呼んでくれた。あふれる涙は止めどなく流れ、馬の目にも涙が光っていた。営門時間を気にしながら、せめてもの最後のはなむけと、道端の草をひとにぎりむしり取って食べさせて別れてしまった」

「後日、風の便りにこの馬たちも、上海のウースン敵前上陸作戦で全滅したと聞いた。せめても供養と思って建てた馬頭観世音の石塔もコケむして、秋早き虫の音とともに六十余年を過ごして居るだろう」（関口秀徳『軍馬関係文書資料―軍馬碑調査余禄―』収録資料。長野県『白馬の歩み　村誌・社会環境編上』から）

老馬の出征

私たちの町角の運送店に荷馬車を引く「アオ」がいた。「えらいこっちゃ、大変や。アオが戦争に行くんだ」と私は泣き声で皆に知らせた。「何であんな年寄りの馬が戦争なんかに」「そんなの可哀相だよ」とみんな怒ったようにいう。

以下、大阪府枚方市・矢野仁志「軍馬となって出征するアオを見送る」（『孫たちへの証言第23集』新風書房所載）によれば――。

荷馬車のおじさんに聞くと、「アオも人間でいえば五十歳を越す歳になったから引退させようと思っていたのに、お上の命令で軍馬としてお国のために出て行くことになってしまって」ということだった。

子どもたちの人気者だった。運動会の前日、アオの馬小屋は大にぎわいだった。「馬の糞を踏むと早く走れる」。そんなウワサがあったからだ。みな、靴で「争うようにして」馬糞を踏みつけていた。また、トンボ捕りでアオの尻尾の毛に勝るものはなかった。重しを入れたセロハンを両端に糸で結んで空に投げると、小さな虫と見誤ったトンボが飛んできて糸にからまる。そのさい、太い糸では効果がない。「いつもアオの尻尾の毛を失敬して助けてもらっていた」

「祝出征」のたすきをかけたアオは、馬小屋の前に集まった大勢の人々の「万歳」の声にもたじろかず、静かな姿勢で立っていた。やがて兵隊さんに手綱を取られて歩き出すと、子どもたちは周りを囲むようについていった。異変が起きたのは、幌をめぐらせた軍用トラックの荷台に乗せようとしたときだった。「渡り板に前足をかけたとたん、体を後ろにそらせて」動こうとしない。手綱を引っ張ってもびくともしない。兵隊さんが「早く乗せろ」と大声で怒鳴り、竹の棒でアオのお尻を思い切りたたいた。

もういちどたたき、さらに棒を振り上げたとき、おじさんが「そんな手荒なことはしないで下さい。よくを言い聞かせますから」と、アオの首を包み込むようにして、耳に口を寄せて何かを話した。そして手綱を受け取って渡り板を上がっていくと、アオも一歩、一歩、ためらうようにしながらも後についていった。幌が下ろされると、肩を落としたおじさんだけ出てきた。

車がゆっくり動き出したとき、アオは「ヒヒーン、ヒヒーン」と、これまで聞いたことのない、悲しそうな声で鳴いた。

千葉県長生郡・八重垣神社宮司、酒井英作さん＝写真＝の家で飼育されていたオスの農耕馬「大藤号」に村役場を通じ、軍から馬匹徴発告知書がきたのは、昭和十六年六月のことだった。

「端正な馬体、青毛のつややかな毛並み、眉間の白斑、三白の足首で『百姓の馬には勿体ないなあ』と、だれからも褒められた素晴らしい馬だった。素直な性質、仕事上手の働き者だった」（酒井・手記）

酒井英作（軍隊時代）

当時、十四歳の酒井は中学生。酒井家五兄弟の末っ子だった。馬の世話を引き受けている。学校から帰ると、ぶるっ、ぶるっ、と鼻を鳴らして、前足をかき込んで迎えてくれるのがうれしかった。ワラのたわしで馬体をみがきあげ、鞍などつけない裸馬に乗って田んぼのあぜ道を散歩するのが楽しみであり、得意だった。

道端の草を食べようとして、ひょいと首を垂れる。そんなことがよくあった。背によじ上るまで「待ってくれるんですなあ」。口がきけないから余計に可愛く、朝晩の飼葉の世話も酒井が面倒をみるようになっている。

そんなところへ「馬の召集令状」なのである。

否応もない。門出の前日、足に新品の蹄鉄をつけた馬体を「涙にむせびながら」みがきあげている。馬もまた、「日ごろの扱い

久我健夫

との違い」を感じてか、いななきもせず、しょんぼりと首を垂れているのがたまらなかった。

軍が指定した集合場所は東京。後楽園球場（現東京ドーム）だった。戦時中は高射砲陣地があったところで、「そこまで歩いて連れて来い」。それも、軍の馬となるのだから「途中で乗ってはならぬ」と、まあ、乱暴なハナシだった。いまのJRでいうと、最寄の外房線上総一ノ宮から東京駅まで営業距離で八十二・二キロもある。さらに後楽園まで歩いて来い、というのだ。

その日未明、酒井家では全員総出で大藤号の最後の世話に忙しくしている。別れがどんなに辛いものであったか。酒井の甥に当たる土地家屋調査士、久我健夫さん＝写真＝は幼なかったが、鮮やかな記憶として残っている。当時、七歳。

「オジさんも、オバさんも泣いて見送っていました。そのころ、農耕馬は野良仕事になくてはならぬ存在でした。家族と同じように扱われていたんです」

久我は画用紙に大きく「日の丸」を描いて、馬の背にくりつけている。そして、せめてもの「万歳」をしてあげたのだった。やがて、まだ明けやらぬ村道を、弁当と飼葉を背負った酒井家長兄の「オーラ、オーラ」の声と共に、手綱を取られながら、大藤号は長い旅路に出ていった。

いまは供養塔となっている「大藤号」の武運長久の碑と酒井英作

近所の召集馬といっしょだった。砂利道をたどる二頭の蹄の足音が「かーっ、かーっ」と遠去かっていっている。

このあと、酒井家では、これなら「召集」されないだろうと、牛を飼うことにした。徴発代金の「倍額」に相当する高値だったが仕方がない。愛馬大藤号との悲しい別れ、それが繰り返されることの「みじめさ」を二度と再び体験したくなかったからだった。

だが、どうしても、農耕牛では畑仕事に調子が出ない。一家が思うのは大藤号のことだった。そこで、父親が町の石屋さんに頼み込んで、大藤号の「武運長久祈願の碑」をつくっている。

「馬頭観音菩薩　大藤号　昭和十六年六

月吉日」

やがて、太平洋戦争——。酒井家はたいへんだった。

酒井英作は十九年四月、学徒動員で陸軍に入り、長野県松本の歩兵第五十連隊で対戦車肉薄攻撃、夜間戦闘訓練、敵陣地攻略戦などの演習で、さんざん絞られているうち、終戦を迎えている。元見習士官。

長兄は、地元で想定されていた米軍の九十九里上陸作戦に備えた「国民義勇隊」に入り、竹ヤリ訓練に励んだ。次兄は熟練工作技士として千葉県の飛行機工場で働き、いくたびかの空襲を「九死に一生」の思いでくぐり抜けた。

三兄は北満州の国境警備隊にいるうち、終戦でソ連軍の捕虜となって辛酸をなめた。四兄は中国戦線で戦っていたが、地雷を踏んで負傷。上海経由で日本内地の陸軍病院に転送され、辛くも命を拾っている。

そんなこんなの大苦労がそれぞれにあったものの、男ばかりの五兄弟が、あの戦争の時代をくぐりぬけて全員無事に帰郷できたのは、たしかに当時の常識からいって「奇跡的な」ことといえた。

ただ、大藤号だけが還らなかった。

「人間の生還すらおぼつかなかったあの時代、軍事機密ということで、どこの戦場に送り出されたのか、皆目わからない。拡大し続けた戦場のどこかで、異国の土となり果てたのかと

思うと、哀れでならない」―(酒井・手記)

大藤号武運長久の碑は、いま、「冥福を祈る」供養塔となって、酒井家の本家に当たる久我家の庭に安置されている。季節の花がたむけてあった。

第四章

春なお浅き戦線で

いざ、出陣――。

「馬は活兵器」「兵は一銭五厘」

厳しい軍律のもと、兵も馬も輸送船の船底に詰め込まれ、

黙々として戦線に向かって行っている。

こもった熱気、よどんだ空気、臭気、船体の動揺。

第一線に立てば、また、苛酷極まりない戦場が待ち構えていた。

「明日の命を誰が知ろう」

倒れた愛馬を前に班長は、

腰の拳銃を抜いて言い聞かせている。

「青よ、先に行って待て」。銃声一発。

輸送船からの報告

生き地獄の船倉

前章の最初の項「天駆ける軍馬」で馬の環境順応性について書いた。南方海域を走る輸送船内における「軍馬の防暑対策」として、馬の毛を刈るバリカン多数を用意していったのだが、使わずに済んだという話だった。

だが、それにも限度があった。

総じていえば、南方戦線に向かった馬はたいへんだった。まして道産馬（北海道産馬）の場合、「持久力と粗食」のうえ、「寒さに強い」ことで知られていたものの、やはり南方では大苦労を強いられている。軍馬総数のかなりの部分を占めていたのだが、輸送の途中や南の戦地でばたばた倒れていっている。

昭和十九年（一九四四年）五月、陸軍輸送船「能登丸」は関東軍の精鋭四千人を乗せてサイパン島に向かっていた。船底の船倉には多数の軍馬が搬入されていた。そのほとんどが道産馬だった。

馬には馬絡《ばらく》という丈夫な麻布製のハンモック状のものを腹に当て、それに吊るされるような格好で、一頭ずつ木の枠内に固定されていた。船の動揺で倒れたりすると大けがをする。だから、そんなふうに立ったままでの輸送となっていた。

「真夏の馬の輸送はまさに生き地獄であった。暑さを少しでも和らげるために宇品（広島）を出るときに大きな氷柱を何本も船底に積み込んでいたが、船の鉄板のほてりと馬の体温の蓄積で、氷はすぐに溶けてしまう。溶けた水は馬の糞尿と混じり合った大量の液体となって

起重機（クレーン）で吊り上げられ、船上へ（『軍馬補充部三本木支部創立百周年記念誌』より）

輸送船の船倉で飼葉オケに向かう軍馬（『山砲兵第38連隊史』より）

船底に漂いながら異常な臭気を放つ。船底に下りたとたん、その刺激臭で涙が出てくる」「こんな状態の中で馬は熱射病にかかり、兵は船酔いにかかって馬の世話どころでなくなる」（原田一雄『馬と兵隊』）

そんな具合だったから、能登丸の場合においても目的地のサイパンどころか、途中経由地の台湾の港に着くまでに「二十数頭」が倒れている。

日本郵船の宇野公一元船長＝写真＝によれば、この死馬の扱いで「大いに悩んだ」ということだった。当時、一等航海士。

多数の馬の死体を海中投棄すると、敵の潜水艦や飛行機に見つかって船の航跡を追跡される恐れがある。一方、船上に置いたままにしていたら腐敗してしまう。狭い船内のこと、衛生面や防疫面で深刻な事態となってくる。

これは別の船における記録だが、次のような記事もみられる。

「南下するに従い熱帯の暑さに気温も上がり厩内の温度は更に上がった。その暑さにやられ過労性の肺炎で死んでいく馬がだんだん増えていった」「死馬もその他の廃棄物も船団が大きく針路変更する時まで廃棄できない。厩の一隅に置いておくしかない。暑さのために、死馬の腹はわずかの時間ではち切れんばかりに膨張してしまう」（成高子会『野戦重砲兵第十二連隊史』）

死馬の水葬が問題に

さて、宇野一等航海士である。死馬の処分について、部隊側とすったもんだの話し合いのあげく、船側の主張通りに「投棄する」ことになっている。

「馬の重い死体を海中に投棄する作業は、シケる洋上であっただけに、非常に危険を伴い困難を極めた」（『雷跡！　右30度』成山堂書店）

このあと、懸念された敵側の動きもなく、これで一件落着かと思われたのだが、死んだ馬のなかに「連隊長のお馬さま」がいたことから、一騒動となっている。

台湾に着いたときの話だが、憲兵がやって来て「問題がある」といい出したことだ。連隊長の専用馬をほかの馬といっしょに水葬するとはケシからん、と、こうなのである。そして、乗組員がさんざん取り調べを受けるはめになったというから、ほんと、おかしなおかしな時代だった。

宇野公一

「お馬さまを冷凍にでもして台湾まで持っていったら、褒められたかもしれない」

憲兵隊がこんな横ヤリを入れてきた背景には、「軍人の次に位する軍馬を、馬より下の方に位する軍属野郎が、いとも無造作に礼を尽くすこともなく処理したことが気にいらなかった」ようすがあった。

よくいわれることだが、あの戦争中、軍属としての船員に対する扱いは「軍馬、軍犬、軍鳩」以下だった。ウマ、イヌ、ハト。そしてやっとこさ、船員の順なのである。下はない。だから、この階級の順番からいって、船員は軍馬に礼節を尽くすべし。そんな理屈が成立するという具合だった。先に「将校、下士官、馬、兵」とも称されていたと記したが、これを勘定に入れると、軍馬の次に「兵隊」が割り込んできて「軍馬、兵隊、軍犬、軍鳩」となるから、船員の位はもう一段下がることになっちゃう。

「軍馬、兵隊、慰安婦、軍犬、軍鳩」と称したという記録もある。われらが船員、キャンノット、ヘルプ。救いようがなかったとは口惜しいかぎりであった。

馬は〝活兵器〟なり

連隊にはたくさんの軍馬がいた。太平洋戦争が始まった昭和十六年度の陸軍動員計画でみる歩兵連隊編成表によると、甲編成の連隊で兵員五千五百四十六人に対し馬千二百四十一頭、乙編成で三千九百二十八人、六百九十三頭となっている。その後、出入りはあるのだが、大体において乙編成の連隊が多かったとされる。（中島三夫『陸軍獣医学校』）

連隊には連隊長、大隊長の専用馬はじめ、重火器部隊、通信部隊、それに物資運送の輜重隊用にも馬が必要だから、こんなにもおびただしい頭数となってくるのである。

そして、これらの軍馬は「活兵器」、生きた兵器であるからして大切に取り扱わなければならぬ。戦記物によく出てくるセリフだが、ざっとこんな具合だった。

「軍隊では軍馬が大切にされ、馬は兵隊より階級が上だといわれたものである。兵隊は『一銭五厘』の価値しかないが、（当時の郵便ハガキは一枚一銭五厘。ハガキ一枚出せば兵隊はいくらでも召集でき、代わりがあるという意味）、軍馬にはなかなか代わりがないというのである」（丸山静雄『インパール作戦従軍記』岩波新書）.

「上官は私ら新兵を教育するのに『お前らは一銭五厘で召集出来るが、軍馬は多額の費用を要して簡単にはいかぬ。活兵器であるから、馬を大切にせねばならぬ』と言い、馬以下にランクされたものである」（吉田庚『軍馬の想い出』）

ここに出てくる「活兵器」との言葉だが、おそらくは大正三年（一九一四年）、陸軍省が「陸軍軍馬ニ関スル実務並教育ノ指針トシ且馬事ニ関スル知識ヲ普及向上スルヲ目的」として編さんした『馬事提要』に基づく用語とおもわれる。

「馬ハ活兵器ナリ又軍ノ原動力ナリ」

その一方で、同年九月に制定された「軍馬補充部業務規定」を読むと、「活兵器」の言葉は見当たらず、「活動兵器」とある。（軍馬補充部川上支部が置かれていた北海道『標茶町史・通史編第一巻』掲載記事から引用）

「馬ノ育成ハ補充部業務ノ精髄ニシテ〜以テ活動兵器ノ精鋭ヲ期セザルベカラズ」

同じ年で同じ軍馬を言い換える言葉に二種類の表現が使われていることが分かる。これは

川上支部の冬季の雪中放牧。北海道川上郡熊牛村字標茶（現標茶町）には軍馬補充部川上支部があり、馬産地として知られた（『標茶町史』より）

勝手な推測だが、軍では「活動兵器」を正式用語としていた。だが、民間対象の馬事普及活動に当たっては、それを短縮し言い易くした「活兵器」を使っていた。そのうち、口に出し易いこの三文字の言葉が、それこそ軍内部にもだんだん普及していき、広く使われるようになった。そんな調子でもあったろうか。

プロ野球・阪神タイガースを声援するにも、「金本（選手）」「カネモト」「カネッモトー」より、「掛布」「カケフ」「カッケフー」の方がずうーっと声に出しやすい理屈である。

なお、俗に「一銭五厘の召集」といわれていたが、実際には役場係員が召集令状を本籍地の家に戸別に届けていた。また、郵便ハガキは昭和十二年（一九三七年）四月一日から二銭になっている。

お馬殿に土下座して

本項で扱った資料に野戦重砲兵第十二連隊が出てきた。静岡県三島にあった重砲部隊である。対ソ戦に備えて東満国境に展開していたのだが、風雲急を告げる南方フィリピン・ルソン島の決戦に投入された。そして頼みの砲のことごとくを失い、最後は悲惨な「肉弾戦」を続け、多くが還らなかった。馬も輸送の途中で海没、あるいは辛うじて戦線に到着したものも疫病と敵弾のため倒れていった。「三島の野重」「三島の野獣」といわれた。

連隊史を開くと、やはり、軍馬相手にさんざん苦闘する初年兵の話が出てくる。既述の記事とダブる面があるが、せっかくなので、取り上げてみることにしたい。

――昭和十四年（一九三九年）一月、野戦重砲兵第五連隊（第十二連隊の前身）に初年兵として入隊した谷庄市・元陸軍大尉＝写真＝は、いまでも馬に対しては「あまりいい印象」を持っていない。

谷　庄市

なにせ、あの重い四年式十五センチ榴弾砲を引っ張ろうかという猛者（？）ばかり。図体大きく、鼻息荒く、大飯（エサ）食らいのうえ、馬に慣れていない初年兵なんか「てんでバカにして」動こうとしないのである。

朝、点呼が終わると、各班の兵隊は全速力で走って厩舎に向かう。三年兵が馬を小屋から出して表につなぐ。二年兵が馬体をブラシでこする。初年兵は二人一組となって、馬の寝ワラをタンカに乗せて運び出す。ワラは糞尿で悪臭を放ち、びたびたに湿って重い。

場合によっては、その寝ワラを手で抱えて運ぶことになる。臭いなんて、いってはおられない。「まごまごしていると古参兵のビンタが飛んでくる」。ワラを出し終わると、二年兵がブラシをかけている馬の蹄を洗い、油を塗る。

「これが、なかなか出来ない。馬を扱ったことのない兵隊を、馬の方でもよく知っているのか、バカにして足（脚）を持ち上げようとしても知らぬ顔で動かない。慣れた古参兵がちょいと足をたたくと、馬はすぐ言う事を聞いて足を持ち上げ、蹄を洗うのに都合のよい姿勢になる」「馬まで初年兵をバカにしているかと思うと腹が立って、古参兵のすきをみて、力いっぱい蹴ったこともあった」（谷・手記）

手入れが済むと、水飼といって水を飲ませる。馬のノドに手を当てていると、ごくりごくりと水を飲む動きが伝わってくる。二十回以上あればいいが、それ以下だとエサを与えない。腹痛（セン痛）になる恐れがあるからだった。

これが、初年兵にとって厄介だった。水を飲む量が少ないと、「お前たちの世話が足りない」と古参兵から文句をつけられることになるのである。

ある朝、谷の当番の馬が、どうしたことか、十回しか飲んでくれない。困ったが、古参兵にそのまま報告した。果たして怒鳴り声が返ってきた。「馬鹿野郎ーっ、貴様に誠意がないから飲まんのだ。お馬殿どうか飲んでください、と土下座してお願いしろっ」

とうとう、谷は、馬の前に平伏してお願いするはめになった。

それでも、馬は知らん顔。そんな谷を置いて、みなは朝飯に行ってしまっている。

どうすればいいのか。これからさき、どうなるんだろう。途方に暮れ、その場にぼんやり突っ立っていると、年輩の下士官が通りがかって「なにをしているか」と聞く。返事したら、そうかといった顔をして、

「お前はバカ正直だ。水は飲んだと報告して、早く飯を食いに行け」

ぽんと肩をたたいてくれたから、ほんと、救われる思いだった。

「いまでも、その下士官の顔が目に浮かびます」

ガンタレ馬がゆく

辻政信がまとめた南方作戦ガイダンス

もうちょっと「輸送船からの報告」が続く――。

ここに大本営陸軍部が出した「これだけ読めば戦に勝てる」と題した黄色表紙、七十ページの小冊子がある。戦争が始まる前、南方作戦を極秘に研究していた台湾の台湾軍研究部、またの名称を台湾第八十二部隊第二課がまとめたものだ。陸軍参謀や有識者がメンバーで、

まとめ役である第二課の課長は例の辻政信中佐（のち大佐）だった。

冊子は、いざ、そのときとなった場合の「南方作戦の目的」「熱地作戦の特質」等が「下士官、兵にでも十分理解できる様に平易に」に書かれ、戦地に向かう輸送船内で将兵たちに配布されることになっていた。「乗船直後将兵全員に配付する目的を以て起案したものである」。印刷部数、四十万部といわれる。実際に、どのようにして、どれだけ配られたかは不明だが、今日で言うところの実戦向けガイダンスになっているのが興味深い。

その中に「四、船の中ではどうするか」と題した項目があって「馬をいたはれ（いたわれ）」がテーマとなっている。短い文章なので全文を書き出してみる。

「船の一番下方の暗い蒸暑い室の内に不平も言はずに軍馬が我慢して居ることを忘れてはならない、熱地の航海で一番大事なのは換気と水飼ひ馬房の掃除である、航海が永引くにつれて人も馬も疲れて来るが、人が疲れて来れば来る程馬は尚更らに疲れて来ることを思ひ、いたはってやらなければならない。

新しい空気と冷たい水とは熱地の航海には人同様馬にもなくてはならぬものである、又人は甲板上を散歩する事が出来るが馬は出来ない為に参ることが多いから馬房の内で前進後退をやらせると効目がある。」

後世、さまざまな評価がまつわる（むしろ悪名高い）辻参謀なのだが、こうした面があったことは、やはり一種の平凡でない才能の持ち主だったというべきか。表題の簡にして要を得たキャッチコピーもさることながら（「戦」は「いくさ」と読む）、「活動兵器」だの、「活兵器」だの、「陛下の馬」だの、ハチのアタマだの、御託を並べることなく、すっと本文に入っている。並みの芸当でない。

軍馬の命名基準

朝鮮半島龍山で編成された第四十九師団歩兵第四十九連隊山砲兵第二中隊、原口新二等兵＝写真＝の場合は、昭和十八年（一九四三年）十二月、初年兵として入隊早々、「勇住《ゆうずみ》」という名の「ガンタレ馬」をあてがわれて往生している。ガンタレとは、暴れ馬のこと。「権太馬」と称したという資料もある。終戦時、兵長。

原口　新

なお、軍馬の馬名は「馬籍簿」に記載するさいに必要不可欠なもので、決していい加減なネーミングではなかった。徴発前の馬名をそのまま受け継いだケースもあった。また、中国大陸で徴発した現地産馬（支那馬。満州馬。チャン馬といっていた）にも、部隊によっては馬名をつけてやっている。

「軍馬の名前は部隊に配属されるときに決まりがあって、例えば、頭文字に『秋』の字をつけるように決められている部隊の馬は、すべて『秋』の字を頭に『秋月』『秋由』『秋盛』などの馬名となり、日本中の部隊で同じ名前の馬はいない」（原田一雄『馬と兵隊』)

決まりといっても極めて任意的なもので、部隊によってまちまちだった。例えば、「昭和十四年七月、西部第二十一部隊(野砲隊)で第七兵站輜重兵部隊が、部隊長川名市徳少佐の姓名をとって、第一小隊が『川』、第二小隊が『名』、第三小隊が『市』『徳』を頭につけることになった」「従って我が第一小隊の馬の名に川が多く、『川豊』『川恭』『川壁』『川音』『川鉄』~等を記憶している」(横田泰助『戦塵九星霜』)

ついでに、こんな記録も——。「宣撫工作にはチャン馬を使っていた。そのチャン馬に『八路』という馬がいた。ある戦闘の最中、敵(八路軍=中国共産党軍)から逃げてきたのを捕獲した馬で、『八路』という名前をつけたが良い馬だった。そのほか『田鶴』や~『チビ』と呼んでいた可愛いい馬や、『白馬』もいた」(『春三のあしあと』春三会)

馬糞のぬくもり

さて、初年兵・原口のことだが、これまで見た馬といえば、農耕馬か競走用くらい。だから、ガンタレ馬と聞いて大いにびびったものの、軍隊ではそんな個人的感懐はなんの意味も持たない。ぼやっとしていると、たちどころに古参兵からどやされるのだ。

「貴様たちの手入れの格好はなんだ。だれに教わったか。それでも山砲か」

そんな文句がビンタと共に飛んでくるのである。いや、ビンタの方が早かったか。

古参兵だけでも恐いのに、馬もウマだった。ある朝の手入れのとき、後ろ両足で蹴飛ばされたから、原口は厩舎の出口まで吹っ飛んでいる。それでも古参兵は応急手当するどころか、「なんで注意しとらんのか」と怒鳴り散らすありさまだった。

もっとも、このときは大いに痛かったものの、「錬兵休十日間」（入院加療）と診断され。辛い新兵教育を嘆く同年兵からウラやましがられるといった妙な具合になっている。

また、教育期間中の出来事として、こんな余得（？）に預かったこともあった。

飼葉（飼料）をもぐもぐやりながら、たいていの馬には排便する習性があった。勇住号もそうだった。朝鮮の冬はじつに寒い。手が凍える。原口の両手もヒビやアカギレが絶え間なかった。馬の手入れには水を使うことが多いのだ。そうしたとき、いま、かたわらに排出されたばかりのこんもりとした山が湯気を立てている。

「両手を真ん中ほどにぬるりと突っ込んだ。ぽかぽかとまではいかないが、感覚なき手には蘇生の思いである。臭いといっても、今朝の冷たさには替えられぬ馬糞であった」（『ああ初年兵』佐賀新聞文化センター）

これも余談だが、原口の部隊がいた龍山には「龍山」と「南山」という山があった。龍山は「流産」、南山は「難産」に通じる。そこで、別の山をわざわざ「安山」（あんざん）と名づけ、もっぱらここで訓練や演習を行なったというハナシが残っている。

船倉へ下ろされてゆく軍馬。たいへんな時間と労力を要した（『愛馬読本』より）

ついに軍馬全滅

そんな原口の山砲隊だったが、昭和十九年（一九四四年）七月、ついに動員令が出ている。行き先は、あのインパール作戦が行なわれているビルマ戦線ということだった。戦況は思わしくないとは聞いているが、部隊が着くころにはその作戦も終わっていて、「われわれは占領地インパールの警備隊になるだろう」というウワサがもっぱらだった。

ただ、途中の航海における輸送船の環境は劣悪とあって、部隊では連れていく馬を「選り抜きの健康馬」だけに絞っている。

原口の中隊からは十六頭が選び出された。あのガンタレ馬「勇住」も入っていた。

それでも、専門家である獣医将校の見方は悲観的だった。

「こんなに優秀な馬だけど、残念ながら、暑いところではダメだろうな」

果たして、原口の中隊の十六頭も、うち十四頭が輸送船内で死んだ。残りの二頭も経由地シンガポールの土を踏んですぐ倒れた。船上で死んだ馬の多くは水葬されている。前足、後ろ足をロープで縛られ、毛布にくるまれ、ウインチで船倉から甲板に吊り上げられる。

船尾につくられた大きな木製シュートの落とし口の上に置かれる。合図で滑っていく。水しぶきをあげたが、すぐ浮かび上がり、それが黒い点になるまで船の跡を追いかけてくるのだった。

将兵たちは一斉に挙手の敬礼でもって見送っている。

勇住号は輸送船内で死んだ組に入っていた。上陸前日のことだった。上陸の直前とあって水葬に付されず、陸上に運んで埋められたということだった。原口は別の任務についていたので知らなかったのだが、その話をしてくれた同年兵は「海にドボンとなった馬より、なんぼかよかったんじゃないかな」と慰めてくれている。

部隊は、その後のビルマ戦線を軍馬なしで戦っている。砲は分解して兵隊たちが運んだ。砲弾類も人力だった。通信機材もそうだった。食料や装備類もまた、肩にめり込む重さであった。

「あのガンタレがいてくれたらなあ」と、原口はなんども思っている。

白い見事なたてがみの道産馬だった。

渡河作戦部隊にて

第二章「初年兵の哀歓」「暴れる軍馬」で紹介した東京目黒の輜重兵第一連隊所属、田口盛男初年兵のことだが、その後、頑張り抜いている。軍馬との付き合いが続いており、稀有な体験をされておられるので、いまいちど登場をお願いしたい。

輜重兵のどんじり班

第一師団（編成地・東京）直轄の渡河材料中隊第四小隊第三十二班長、田口盛男兵長＝写真＝は、中国河北省宜昌の部隊で、班内の取りまとめに苦労している。渡河材料中隊は「敵前渡河を主たる任務」とし、師団直轄の独立部隊だった。田口兵長は元の輜重部隊から拡大し続ける中国戦線に派遣されていた。

渡河材料中隊は日中戦争から太平洋戦争にかけて中国中部や南部の各地を転戦。揚子江をはじめとする数々の河川における渡河作戦、警備活動で知られた「有数の戦歴」を誇った部隊だった。

田口著『陸軍輜重兵を命ず』によれば、部隊編成は輜重兵四コ小隊（輓馬車両部隊）、工兵一コ小隊から成り、兵員五百五十、馬匹三百五十、九五式折畳舟六十五、九五式軽操舟機三十および、門橋材料その他の器材、燃料などを装備していた。

このうちの輜重兵小隊に田口兵長は所属していたのだが、輜重兵一コ小隊は八コ班編成だから四コ小隊で合計三十二班ある。いちばん成績がいいのが第一小隊であり、兵隊も第一班がいちばん粒がそろっていて、第二、第三と「だんだん質が悪くなっていく」のが軍隊の相場である。

だから、田口兵長の属する第四小隊の、しかも第三十二班とくれば、「これ以下はないという班」ということになる。行軍のさいは最後尾につくから、敵襲でもない限り「のん気でいい」のだが、「どんじり班」であることには間違いない。軍隊言葉でいう「最後尾異状ナシ」。田口も配属の前に「どうにもならん班だよ」と聞かされていた。

「みんな明日の命も知れないものだから殺伐としている。夜になると各班で酒盛りがはじまるが、酔いにまかせて日頃気にくわない上官に銃剣を突きつける兵隊もいれば、対岸の敵の気まぐれな夜襲にみせかけ、中隊本部に機関銃を滅茶苦茶にぶっ放す乱暴者もいる」

田口盛男

輜重兵のうっぷん

——話はちょっと変わるが、いくつかの資料をみると、こうした輜重兵たちの荒れた言動には、じつは「ワケあり」だったことが分かる。

差別である。

日清戦争では、戦線までの物資輸送は「軍夫」の役目だった。民間人の従軍労働者である。日露戦争になると、軍も近代化の方向に歩みはじめ、輸送任務には主として軍人が当たるようになった。ただ、直接戦闘に参加しない地味な仕事であることから「輸卒」(輜重輸卒)と呼ばれ、あるいは身体が小さな兵が回されていたこともあって、なにかと一段低くみられていた。よく聞かれることだが、「輜重輸卒が兵隊ならば、チョウチョウ・トンボも鳥のうち」といった戯《ざ》れ言葉があったほどだった。

昭和十三年(一九三八年)三月、中国戦線で戦っていた輸卒一等兵は日記に次のように記している。筆者・上原要三郎は東京帝国大学卒。日本国有鉄道の新設鉄道只見線建設工事に従事中、「赤紙一枚で臨時召集」され、宇都宮輜重兵第十四連隊に入った。のち、運輸省や国鉄を経て熊谷組・元専務取締役。

「三月二十日　朝から小雨が降り続く～内務実習。退屈の余り(戦友たちと)内地に帰ったら、こんな馬鹿気た特務兵制度などの撤廃運動を起こそうと語り合う。背丈が一、二センチ短いだけで特務兵、進級もなければ、持った能力も発揮できない。明治以来の輜重輸卒、今の特務兵、こんな陸軍の輜重兵制度ほど非能率極まるものはない。こんな非情で馬鹿気た制度が日本以外のどこの国にあろうか。私は先頭に立って運動を起こそうと心底より考える」

（『輜重兵㊙日記』図書刊行会）

すっかり、悲《ひ》憤慷慨《ふんこうがい》の巻だが、その日中戦争が本格化してくると、戦線の広大で輸送ルートが長く延びたことから物資輸送任務の重要性が強く認識されてきた。昭和六年（一九三一年）、輜卒の名称が「特務兵」と変わり、さらに昭和十四年（一九三九年）三月には本稿でもみられるような正式兵科「輜重兵」となっている。

中国戦線の泥寧の中を進む輜重部隊の軍馬と兵隊

「（十四年）四月十一日　本夕、三月二十四日付の勅令に依って『特務兵』は『輜重兵』と変った。我れは輜重兵一等兵」（同）

その後、軍隊内における差別感、一方で劣等感なるものは、ますます厳しさを加える戦況のなかで、そんなことはいっておられず、急速に払拭されていくのだが、ここで「輜重兵とはなんであるか」を定義づけてみると、次のようになろうか。

「輜重兵とは戦闘兵科（歩・騎・砲・工兵）を支援する兵科で、糧秣・弾薬・衣服などの軍需品の運搬に任じたものである。これらは弾薬段列、糧秣段列、架橋段列を構成して軍隊に続行し、通常これに衛生隊、野戦病院などを含めて輜重と称した」（武市銀治郎『富国強馬』）

厄介馬たち

田口兵長の話に戻ると、そんなもんで覚悟はしていたのだが、班員一同、いや、まあ、酒好きで「森の石松」みたいな連中ばかりだった。

そのお付き合いで、本人もすっかり酒量が増えていくのだが、いちばん困ったことは、そうした兵隊たちに合わせてか、班に配属されていた十頭の軍馬にも「どうにもならない」のが多かったことだった。

例えば、「水箱」という「まったくふざけた馬」もいた。その妙ちくりんな名前もさることながら、これが、非力でなんの役にも立たないのだ。れっきとした日本馬の成馬でありながら、馬格は現地馬のように小さく、やせていた。毛付主（担当兵）を鞍なしで乗せ、やっと「よたよた歩く程度」というからひどい。よくもまあ、こんな馬を軍が徴発し、軍馬として登録し、戦地に送り込んだものだ。

「ただ、この馬にはトボケたところがあった。立っている『水箱』を横から押すと、その場に倒れて、どうだうまいもんだろうといわんばかりに大きな眼を開いてこちらを見る。それが、じつに愛嬌があって可愛いかった。横から押されて倒れてみせる馬など、そうざらにい

渡河材料隊がつくった仮橋をゆく輜重隊。軍馬は泳がせて進む(『輜重兵第34連隊史』より)。中国戦線で

るものではない」(『陸軍輜重兵を命ず』)
「栃勇」「島錦」という相撲取りみたいな名前を持つ馬もいた。たしかに両馬とも力は強かった。だが、栃勇は、乗る者を振り落とす、車両を引かそうとすると大暴れするという「まったくの厄介馬」だった。
「それだけ第三十二班は割を食っていたんですなあ」

突然の死

そのうち、昭和十六年(一九四一年)九月、第一次長沙作戦がはじまった。

揚子江中流の洞庭湖南にある湖南省の省都・長沙を拠点とする中国軍壊滅めざして行なわれたもので、田口兵長ら渡河材料部隊も敵前上陸に「真価をいかんなく発揮」している。

だが、その行軍のさなか、栃勇が引いていた車の車輪を溝に落とし、大きく傾いだあおりをくって「車両もろとも宙を舞うようにして」谷底に落ちていっている。

「いやいやながら車を引いていましたからなあ。クセ馬ほど名馬といわれ、調教次第ではいい馬になったでしょうが、明日の命を誰が知る、という戦場では手が回らない」

島錦もまた、突然の死を迎えている。

渡河作戦に間に合わせるべく、急行軍しているときだった。

とつぜん突っ立ち、「ひひーん」と一声高くいななき、その場にどっと倒れている。心臓マヒ。即死状態だった。

「人馬とも泥田のなかを狂ったように進む。車輪が泥に埋まって、まるでソリのようになり、馬は泥から足を抜こうとしてもがく」「ふだんは馬に優しい輜重隊の兵も、一車両が止まったら後ろの車両が全部止まることになるから、心を鬼にして馬の尻をたたくのだ。てんびん棒が舞うたびに、馬は大きな眼をむいて横をにらみつけながら、ありったけの力をふりしぼって前進する」

谷底に落ちた栃勇に比べ、島錦の場合、死んでもさらに悲惨な運命が待ち構えていた。

「行軍中だから手厚く葬ることはできない。簡単に埋葬して、わが班が動き出すと、近くの住民がわっと集まってきて、埋めたばかりの島錦を掘り起こし、持って行ってしまった。たぶん食料にでもするのだろう」

「それを見ていた中林上等兵（毛付主）が、こらえきれなくなってしきりに嗚咽する。だが、情にかまかけてはいられない。島錦の突然の死で本隊から遅れてしまったわれわれは、先を急がなければならなかった」

　太平洋戦争と呼ばれる全面戦争が始まったのは間もなくのことだった。

　渡河材料中隊第四小隊「どんじり班」の面々にとって、それからが、いよいよ戦いの本番であった。

愛馬を射殺す

物言わぬ戦友

　昭和十九年（一九四四年）一月、洞庭湖北方に位置する武漢地区――。

　第五十八師団歩兵第百七大隊重機関銃中隊第四小隊、平田《ひらた》省実《しょうみ》軍曹＝写真＝の分隊は、八路軍（中国共産党軍）により分哨が襲撃を受けたとの報を受け、歩兵部隊と共に急きょ出動している。のち曹長。

　百七大隊は武漢地区警備と周辺の討伐が主たる任務だった。

「機関銃中隊は平時、自分だけでなく常に馬の世話が大変だったが、馬は『物言わぬ戦友』として常に愛馬とともに転戦した」（平田・手記）

　重機は分解して軍馬「青」の背に積んだ。九州宮崎産のオス馬

平田省実

で、平田軍曹ら分隊員の主力が故郷宮崎の連隊から出征するさい、一緒に出てきた馬だった。そのせいで分隊員によく可愛いがられていた。「青は九州弁を話すばい」といわれたものだった。

かつて九州には宮崎県と鹿児島県に軍馬補充部があり、このうち宮崎県高原支部本部は最大の規模を誇っていた。

「黒目がちのつぶらな瞳。臆病で人なつこく、鼻面をすり寄せるしぐさ。兵隊たちの心をくすぐる魅力を秘めていた」（平田・手記）

利口な馬でもあった。

夜行軍のときだった。急に足を止めて動かなくなった。「どげんしたとか」。足を痛めたのかと思ったら、そこは地雷原だった。あるいは試しに百キロ離れたところから、乗馬兵が自由に歩かせたところ、迷いもなく、無事に帰隊したこともあった。

青よ、先に行って待て

さて、いま、追撃戦である。

八路軍は逃げ足が早い。というより、相手が有力な部隊だと分かると無理な戦いはせず、さっと兵を引くのが常だった。「それ追え」と味方が勇み立ったそのとき、「イタチの最後っぺ」みたいな一発の弾丸が飛来。青の尻の部分を貫いたのは、まことに不運であった。

平田軍曹と愛馬「青」(平田省実氏提供)

青はどっと倒れている。重傷だった。立ち上がれない。

戦闘中だったが、重機分隊の全員が「一時戦闘停止」の姿勢になったのは、それだけ、この馬を大切に思っていたからであろうか。わざわざ衛生兵を呼んで応急手当をしてもらってもいる。だが、衛生兵の表情には暗いものがあった。

分隊員で協議の末、このまま「放馬」することになった。これまでにも触れたように、この場合、装備装具のすべてを外し、裸馬にして放つのである。しかし——、

「置き去るにはあまりにも不びんであり、酷であった。馬とはいえ、今まで苦労を共にして、中国大陸の硝煙弾雨の中を兵と共に乗り越えてきた物言わぬ戦友である。兵隊が隊員の水筒から集めた貴重な水を水袋に入れて『青よ、最後の水だよ』と与える姿。隊員のすすり泣きが私の胸を締めつけた」

馬はもう目が見えなくなったらしかった。それでも分隊員たちが立ち去る気配を察知してか、前足だけで立ち上がろうと必死で

もがき、「大粒の涙を流し」ながら、無念のいななきを上げ続けている。

ここで平田分隊長は決断している。放置すれば、地元住民や野獣の餌食になるであろう。歩兵はまだ追撃を続けていたが、ここで分隊員全員で集落外れの草原まで馬を運び、シャベルで深さ二メートルの穴を掘った。そして、平田は腰の拳銃を抜いた。

「青よ、先に行って待て」

ミケンに一発。

あとに近くの草をたくさん、根ごと抜いてきて植えつけた。小さな塚になった。

このあと、分隊員たちは、通訳を通じて集落中に触れ回っている。

「塚を掘り起こしてはならぬ。違反者がいたら、わが部隊はただちに馳せ戻り、掘った者とその家族はもちろん、集落全体に報復するであろう」

のち、ここを通った他部隊の兵隊が、「あそこに日本式の塚みたいなものがあったが、ぜんぜん壊れていなかった」。そんなふうに話しているのを聞き、平田分隊長はじめ分隊員全員が顔を見合わせ、ほっとした表情を浮かべている。

早春というには、まだ、ほど遠く。近くの龍王湖を渡る風は冷たかった。

第五章

馬のたてがみ

戦線は果てしなく拡大していった。
「人馬一体」の馴れ親しんだ愛馬との辛い別離。
傷ついた馬との涙の別れと再会があり、
死期迫ったウマとの最後の決別があった。
そして、背に物資搭載の盲目馬の手綱を取り、
「大陸打通」強行軍——。
「山岳戦であった。山々のつらなり。仰ぐ真昼の空に白雲。
ふたたび故国の土を踏み、父母に会うことなど、
もはや『遠い夢であり、不可能な願望』であろう」

馬には乗ってみよ

馬のしつけ

「人には添ってみよ、馬には乗ってみよ」という言葉がある。なにごとも経験、体験しなければ本当のところは分からない。そんな意味であろうか。そうはいうものの、軍隊に入る前、馬なんか触ったこともない初年兵にとって、厩《うまや》の馬とのお付き合いは勘弁してもらいたいというのが本音でもあった。

その馬の世界では「厩七分に乗り三分」ともいわれてきた。

「大坪流や曲垣流といったわが国の古典馬術書に書かれているのだが、真に馬を乗りこなせるようになるには、厩で馬の世話をする時間と、馬に乗る時間の比率は七対三でなければならないということである」(沢崎坦『馬は語る』)

さらに、こんなエピソードが紹介されている。

「(明治期) フランスの競馬で良い成績をあげ、種雄馬として活躍していた一頭のサラブレッドが、日本に輸入されてからだんだん悪い癖がつき、咬《か》む、蹴るなど、日常の管理作業すらあやぶまれるまでになったことがあった」「あるとき、一人のフランスの老婦人がこの馬を訪ね、ひやひやしながら気をもんでいる日本人には眼もくれず、つかつかと馬のそばに近づいて、話しかけながら馬に触ったところが、ふだんは猛獣のようだった馬が猫のようにおとなしくしていたという話がある」

中国戦線、輜重隊の驢馬。粗食に耐えるので重宝された

「しつけはしつける側の人間の考え方一つで、良くもなれば悪くもなるものだし～馬と人とのいつもかわらぬ対話さえあれば、悪癖も悪癖でなくなることを反省させられる出来事ではある」

これも余談になるが、意外にも日本産馬は中国産馬に比べて「力が弱かった」という記述が、ときとして戦記物に出てくる。

「中隊は重機関銃を二挺もっていたので、これを運ぶための日本馬と中国馬が合わせて二十頭近くいた。中国馬は日本馬よりひと周り小さいが、力があって重機を運ぶ馬にうってつけであった」（栗原節郎『華北戦記』朝日文庫）。「日本馬は過保護のため、中国のような粗食での行動には不向きである。驢馬（ロバ）は粗食になれ、体は小さいが耐久力はある。特に中支のような畦道を行動する時は、日本馬では役に立たない」（伊藤勝『中国戦線私記』伝統と現代社）

どう解釈していいのか戸惑うが、粗食云々は別として「過保護」の件だけを取り上げてみると、これまでみてきた「初年兵哀歓」物語を再読する場合、確かに「初年兵か、フン」といった馬の態度は極めてよろしくない。その一方で、先のフランス婦人ではないが、「日本に輸入されてからだんだん悪い癖」がついたというくだりは考えさせられるハナシではある。余計なことをいうようだが、ひょっとしたら、ここらあたり、現代における馬匹調教の場でも参考になることではなかろうか。

無為徒食の馬の再調教

満州チチハルに駐屯していた第七師団野砲兵第七連隊、田中武雄一等兵は、やはり馬との付き合いで一苦労も、二苦労もしている。のち曹長。

「我々の部隊は～古兵が少なく私的制裁は比較的少なかったが、その代り古馬が結構初年兵いじめをしたものである」「一生懸命に馬糞取りをしている間に放馬して厩内を二、三頭うろついている。一頭を捕えて縛り着けると又一頭が放馬する～どうもこの馬たちは放馬の常習犯のようで、縛ってもすぐ綱を解いて放馬する。全くの初年兵泣かせである」

以下、田中武雄『自分史　軍馬と共に』によれば——。

苦しい初年兵時代も過ぎ、下士官候補者教育を経て軍曹になっていたが、「大分前から気になっていた馬がいた」。「水星」という名のオス。体形のいい馬だった。だが、蹄が小さいのが欠点で、すぐ足にケガをする。従って誰も乗らないから、手入れもされず、くすんでいた。「無為徒食の浪人のような乗馬」で「厩の隅でいつも悄然と立って」いた。

ただ、エサの時間になってもあわてず、他馬と争うことなく、厩に入るのはいつも最後。「まるでうらぶれた貴公子」よろしく、悠然たるものがあった。

田中軍曹は、この「水星」の再調教を思い立っている。

裸馬にして手綱を取ってみると、歩幅が小さく、ちょこちょこ歩く。足の弱さが習い性となって、ぜんぜん自信がないのだった。以降、毎日の演習後と日曜日を運動時間に当てて、「水星」と過ごしている。常歩《なみあし》、速歩《はやあし》。駆歩《かけあし》。運動のあとは関節を鍛えた。湯で温め、マッサージする。関節部を軍曹の体重をかけて押さえ、強くする試みもした。「人間だったら『痛い、痛い』というだろうが、水星はじっと我慢している」のがいじらしかった。

獣医部に頼んで足に合った特製の蹄鉄をつくった。蹄鉄と足裏との間にゴムのパッキンを挟んで接地面積を大きくさせ、でこぼこ道でも足への衝撃を少なくしたものだった。

ある日、溝の両側に分かれて歩行散歩していた。水星は草を食べながら進んでいたが、溝は先に行くにしたがい、幅が広くなっていた。やがて気づいた水星は溝の反対側にいる田中の元へ駆け寄ろうとしたが、溝幅は大きい。とても飛び越えられない。ちょっと戸惑っていた水星だったが、やがて来た道を引き返し、幅が狭くなったところで、ぽーんと飛び越え、駆け足で田中の元に走ってきた。

「駆け足ができるようになったのだ」。軍曹はうれしかった。水星もまた、大きな自信を持った様子があった。

夏も真っ盛りだった。いつものように営門前で草を食べさせていた。軍曹は、ふと、思いつき、草むらに身を潜めた。水星は安心し切って草原に頭を垂れている。

そのうち、ひょいと頭を上げると、先ほどまで近くにいたはずの軍曹がいない。水星はその辺をぐるぐる回っていたが見当たらない。迷子になった子どものようにヒイヒイ泣きながら懸命に軍曹を探している。あまりにも可哀相になったので、軍曹は草むらの中にすっくと立ち上がってやった。

「水星は『なんだ、こんな所に隠れていたのか』とばかり、私の側へ来て、前足を高く上げて立ち上がり、尻を上げて空を蹴って、まるで子馬のように狂喜乱舞していた」

田中軍曹は、水星をどうにか戦野を駆け回るだけの足に鍛え上げようだ、と思うと、よけいに愛しくなって、その鼻面、たてがみを、なんどもなんどもなでてやっている。

永遠の別れ

——別れはすぐきた。緊張が一段と高まるソ満国境で、こうした穏やかでのびやかな「馬

人馬一体。飯ごうの飯をねだる愛馬(『愛馬読本』より)

と兵隊」の話が長く続くはずはなかった。

その決別の日、隊の馬が一頭一頭、貨車に積まれて行く。田中軍曹は水星の搭載を最後に回していた。そして、その最後の乗車順番になった水星だったが、ホームと貨車の間にある渡り板を前にしてガンとして動こうとしなかった。田中軍曹は水星の気持が分かるように思った。そこで、水星の手綱を放ち、自由にさせている。居合わせた搭載係の下士官が「なにをするんだ」と大慌てで手綱を取りにかかろうとしたが、「大丈夫、すぐ戻ってくる」と制した。

水星は早駆けで駅前の部隊営門をくぐり抜け、営庭に入ると、たてがみを振りたて、蹄を蹴立てて猛然と一周。そして、息をはずませながら駅に戻ってきた。「止まれ」。軍曹の号令で横にぴたりと停止。そして、ア然としている搭載係を尻目に自分から進んで貨車内に入っていったのだった。

田中軍曹は書いている。

「恐らく『水星』は私に早駆も出来ることを見せたかったのであろう。『おい田中軍曹よ、オレはもう早駆もできるのだぞ。見ててくれたか』と言わんばかりであった」

以降、この愛馬下士官と、かの「無為徒食の浪人」軍馬とが再会することはなかった。軍曹はハルピンの関東軍砲兵幹部教育隊に在籍していたところで、終戦でソ連軍の捕虜となり、四年間にわたる収容所暮らしを強いられた。水星のその後はわからない。

愛馬の体温

昭和十三年(一九三八年)夏、支那(当時)駐屯歩兵第二連隊通信隊、玉木繁一等兵は、揚子江をさかのぼった湖北省武漢近くで戦っている。のち伍長。

敵は頑強に抵抗を続ける。日本軍の猛攻にもがんとして陣地を退かない。指揮官が「間違って友軍(日本軍)と衝突しているのではないか」と疑い、ラッパを吹いて合図してみたが、応答なく、やはり敵であることが分かった。そんな話もあったほどの激戦だった。

通信隊は連隊本部と共に行動していたが、無線機材を背に運ぶ軍馬にも疲れが目立ってきている。玉木一等兵の班に所属していたのは「おとなしく、よくなついて」いた馬で「藤蔭」といった。ある小休止のとき、その藤蔭が「ぐったり」と首を落として元気がない。

そこで、玉木は向かい合った姿勢で首の下に肩を入れ、持ち上げてやった。藤蔭は首を玉木の肩越しに背にもたせる。そして「支えている私が心許ないのか」、馬なりに気を遣いながら、じわりじわりと、徐々に前足の片方を「休め」の姿勢にもっていくのが、たまらなく可愛いかった。

「片足が『くの字』に折れて重量が増した。藤蔭は安心したようにもたれて動かない」「馬の体温が接した肩、首から伝わり、その体臭が強くにおう」「しばらくそうしていたが、耐え切れなくなり、少しずつ肩を抜くと、鼻面を肩や胸に、しきりにこすりつけ、目を細くしている。甘えているようで、この図体の大きい動物がいっそう可愛くなった」（玉木『兵卒の哀歓』共栄書房）

山岳戦であった。山々のつらなり。仰ぐ真昼の空に白い雲。ふたたび故国の土を踏み、父母に会うことなど、もはや「遠い夢であり、不可能な願望」であろう。玉木一等兵は愛馬藤蔭の首を抱き、たてがみをなでながら、そんなふうに思っている。

還ってきた愛馬

軍馬「精島」の生還

先にも紹介したが、確とした視点に基づいて叙情味あふれる作品を書いておられる直木賞

伊藤桂一

作家、伊藤桂一・元陸軍伍長＝写真＝は、かつて中国大陸で戦った騎兵第四十一連隊に所属していたことから、軍馬に関しても多くの著述がある。

そのひとつ、『私の戦旅　歌とその周辺』から――。

中国北部の太白山脈の黄土地帯を行軍しているときだった。軍馬「精島《せいじま》」が急な坂道を登るさい、右後ろ足を痛めた。骨折しているらしく、とてもついて来られるような状態にない。小隊長は、止むを得ず、精島の射殺と後始末を命じ、先行している。

持ち主――毛付主。馬を毛付馬（専用馬）といった――の兵隊は、いったん銃を持ち上げたものの、「素直に自分を見つめている馬」を、どうしても撃てない。しまいには泣きながら分隊長に訴えている。

「なんとか、このまま、ここへ残してやれませんか。この馬の運命がどうなるかわかりませんが、自分には、馬があわれで、とても撃てません」

分隊長とて気持は同じである。ちょっとためらっていたが、兵隊の銃をとると、小隊が立ち去った方向の上空に向けて一発、発射した。そして、精島の背の荷を分担させ、裸馬になった精島を残して出発している。

二日経った。前面の敵を撃退して次の作戦のための行軍をしているときだった。

追いついて来た別の隊に「裸馬がついて来る。お前んところの馬じゃないのか」と知らされている。たしかに、はるか後ろの方から裸馬が一頭やって来る。毛付主だった兵隊が振り向き、ひと目見て、「あっ、精島」と声を上げた。

三本足の「不自由な跛行をつづけて、懸命に部隊を追ってきた」のだ。飲まず食わずで追ってきたのであろう。やせ、やつれていたが、間違いなく精島だった。小隊全員が行進を止め、走り寄った毛付主の兵隊になでられ、首を上下しながら近づくその馬の姿を、ひどく感動の面持ちで見守っている。

殺伐、荒涼たる黄土地帯の戦線で、花一輪、ぱっと咲いたような話だった。

この軍馬精島の生還は、のちのちまで連隊の語り草となっている。一切のいきさつを聞いた小隊長もまた、命令違反をとがめるようなヤボではなかった。師団司令部の病馬廠までトラックで運ぶよう、手続きをとってくれている。

三ヵ月後、精島は元通りの元気な姿で戻ってきた。

暴れ馬と一等兵

昭和十二年（一九三七年）八月。

第十師団（編成地、姫路）歩兵第四十連隊第三大隊輜重兵第二班、山本龍蔵一等兵＝写真＝は、部隊と共に中国北部の天津から鉄道沿いに南下していた。のち軍曹。

「館添」と山本一等兵（山本龍蔵氏提供）

愛馬「館添《たてぞえ》」といっしょに「人馬一体」となっての行軍だった。東北産のオス馬で、出会ったときは、部隊きっての乱暴な軍馬として知られていた。蹴る、噛む。反り返って前足で人を抱え込む。こうしたクセを持つ馬は厄介で、男の急所を噛み切られた兵隊、反り返った馬体と鉄輪との間に指をはさまれて千切られた兵もいた。

こいつを調教するのに、どんなにか苦労させられたことか。「ふん、初年兵か」といった表情でそっぽを向いているのを、ニンジン入れの袋をつくって機嫌をとった。その一方で、ナメられてたまるか、と許可をもらい、朝昼晩、乗り回した。（部隊が便宜を図ってくれたのも、それほどこの馬を持て余していたからである）

「馬は馬方」で、そのうちに乗り手の気持が伝わってくる。「馬は馬連れ」「牛は牛連れ」ともいわれる。馬や牛にしたって、それなりに「生活のチエ」がある。これ以上、さからってもムダと分かると、懐いてくるようになるものだ。

さて、いま、中国戦線。この年の七月（一ヵ月前のことだが）、北京郊外で日本軍と中国軍が衝突している。戦史に名高い盧溝橋事件である。たちまち戦火は中国全土へ拡大していった。

そこで、急きょ、山本一等兵の部隊も中国大陸へ派遣されたということになるのだが、勝手違ったドンパチの戦場に出て神経質になったのか、館添がまた暴れるようになっている。

ある日、どうしたことか、テコでも動かなくなった。こっちは気が立っている。「腹立ちまぎれ」に手綱を力いっぱいしゃくり上げたところ、とたん、馬の口から舌がだらりと出て、鮮血が流れ出たから慌てた。馬は涙を流して痛がっている。

はずみで舌を半分近く噛み切ったらしかった。だが、行軍中とあって、どうしようもない。下馬して引き馬で歩き、ときどき声をかけてやるのが精いっぱい。

夜、野営地で、馬のケガに経験がある第一班の班長に診てもらったのだが、「処置なし」と首を振る。

館添は「まぐさも食べず、ときどき水をすする程度」の情けない状態だった。その後は止むを得ず、引き馬のかたちで転戦していたのだが、どこにそんな野生の力を秘めていたのか、やがて舌の傷も自然に癒え、「半分切れ」の舌でエサを食うようになったから、周囲もびっくりだった。

それに、もうひとつ付録がついた。以来、この馬が「子ネコのようにおとなしい馬に一変した」から、これまた驚きだった。ますます山本に甘えるようになったから、この一等兵は「もう離すものか」なんて思っている。

別離のたてがみ

激戦が続いた。中国軍の抵抗は頑強を極めた。部隊は「多大の犠牲者続出」だった。山本と軍馬館添もこのまま無事には済みそうになかった。

果たして——。逃げる敵を求めて追撃戦に移ったときだった。館添が「とつぜん歩けなく」なっている。見ると、右後ろ足に被弾、血が吹き出している。「敵敗残兵の流れ弾」に当たったらしかった。

先行していた例の第一班の班長を呼び戻したのだが、「大負傷」との診断だった。もはや、これまで、であった。山本は射殺だけは勘弁してもらい、「別離のたてがみ」を切り取ったあと、泣く泣く裸馬にして放馬している。

「館添も感づいたのか、悲しい悲鳴を出して」いるのだが、追撃戦の真っ最中なのだ。それにしても生き別れとは、と、山本一等兵は「感無量」であった。

兵隊になって初めて出会った馬だった。さんざん困らせられた馬だった。それゆえに結び付きには強いものがあった。その日、山本は、前進しているときも、農家に一泊したときも、残してきた「愛馬の思い出」にふけっている。

そんな、「うつらうつら」の一夜が明けた。とつぜん、馬当番が駆け込んできた。「班長殿、館添がきました」「館添が戻りました―っ」

「三本足で十五キロもの夜中の道をやってきたのだ。それにしても、よく迷わずに来たものだ。あれほどひどい仕打ちを受けながら、しかも体力も尽きているのにと思う。館添がいじらしくて胸がこみあげる」（山本・手記）

その後、館添は「運がよかった」のか、だんだん回復してきている。山本との関係を知っている部隊の配慮と、山本による懸命の看護があったことはいうまでもない。

以降、徐州作戦、武漢攻略作戦、さらには「その他討伐戦数十回」と、名だたる激戦地、硝煙けむる戦場で、ぴたりと寄り添った山本一等兵と館添の姿がみられたのだった。

十四年十月、山本は「内地帰還命令」により、青島港で館添と別れている。それが、二年と二ヵ月をいっしょに過ごした両者の、ほんとうの別離となった。

いま、山本の古ぼけたアルバムには、馬のたてがみが二本、「三つ組み」に編んで貼りつけてある。

あの流れ弾に当たって放馬したとき、そして青島港で最後の別れを告げたとき、それぞれ涙のうちに切り取った軍馬館添の「栗毛のたてがみ」なのである。

盲目馬の戦場

甲功賞の盲馬

視力を失った馬と共に、長期間にわたって任務を果したという記録が五例ある。

「(輜重隊の)田口上等兵が取扱ふようになつた当時の『三扱』号は何たる痛ましい痛ましい姿だつたろう。肉落ち、毛並悪く、たてがみ乱れて悄然と首を垂れて馬房に横たはつてゐたのだ。盲目なるが故に、求めて飼を探し得ず、渇するも水を求むる事が出来ない。盲目の為、神経過敏、物に驚き、益々凶暴になつて行つた。兵隊から白眼視され『盲目だ』『廃馬だ』と呼ばれて、益々肉は落ちて行くばかりであつた」

「毛付兵を命ぜられた田口上等兵はかうした様子を知るや『よし、之も自分の馬として心から飼う兵隊が居られないからだ、俺が如何なる犠牲と迫害を忍んでも、愛撫してやろう。俺の任務は三扱号の飼育より外ないのだ』と」

かくて――。「其の後は如何なる狭隘、危険な個所で小休止しようが、一向に心配と危険はなくなつた」「偉大なものだ。『執つた手綱に血が通ふ』と歌はれるが、田口上等兵と三扱号とは血以上、心と心が結びついたと言へよう」

右記は八十四ページの冊子にまとめられている大日本騎道会編『支那事変愛馬美談』(昭和十五年十二月十五日刊)掲載の「甲功賞の盲馬三扱号」からで、その一部を紹介した。この小冊子には、ほかにも二編の「盲目馬と兵隊」物語が出ている。見出しだけ紹介すると、「捨てられた重傷馬をいたはりて再度の御奉公」「盲馬の御者後原一等兵」となる。いずれも、三扱号分も合わせ、それぞれ二千字前後の短いものだが、それなりに貴重な記録といえよう。(なお、原文では盲目馬を「めくら馬」と表現している場合が多い)

美談の裏側

ただ、どうだろう。ここでは「(田口上等兵の)愛馬心と馬匹保有の責任感」が称揚されている。確かに「美談」ではあるのだが、部隊全体からいうと、ぶっちゃけたハナシ、盲目馬は厄介な存在であったはず。三扱号物語にも「盲目だ」「廃馬だ」と邪魔者扱いする兵隊の言葉が出てきた。ここらあたり、部隊の馬匹管理が専門の所属獣医官の判断はどうだったのか。

あちこち資料に当たっているうち、こんな記事にぶつかった。

「軍隊は員数(数合わせ)がやかましいので、戦力が低下する厄介物でも連れて行かねばならぬ。強健で温順な馬に当った者は楽が出来る」(吉田庚『軍馬の想い出』)

なるほど、そういうウラ事情もあったのか。田口上等兵には迷惑な話になるが、三扱号物語掲載誌の発行年月日からいって（太平洋戦争突入の一年前）、不平をこぼす兵隊たちのためにも、そして前線の一層の士気高揚のためにも、一兵隊のひたむきな懸命の努力を「美談」として取り上げたかったのかもしれない。

ついでの余談だが、軍隊の形式主義を伝える次のようなハナシがある。

内地に送った靖国神社に祭る一人の兵隊の書類が、はるばるドンパチの前線駐屯地へ返送されてきた。「敵の砲声におびえ、暴れたる馬を制止せんとすたるも及ばず……」。先任者は東北の人だった。書類作成中、うっかりお国言葉が字になって、「すたるも及ばず」と書いてしまったらしい。その「す」を「し」に直し、改めて書類を作成して送付せよ、と、こうなのだ。

「こんな簡単明瞭なまちがいは、責任者がポンと訂正印を押して通せばよいのではないかと思ったが、原隊での一字訂正も許されず、結局、分厚い書類を全部書きなおした」（黒岩正幸『インパール兵隊戦記』光人社）

この伝でいくと、つまり、たとえ盲目馬であろうと、戦没あるいは病死でもしない限り、帳簿上、健常馬と同じ「活兵器」である。それ故に部隊は、一人前（一頭分）として大切にすべし、ということになろうか。

兵隊が苦労するわけである。

心眼を開いた盲目の軍馬

昭和十四年（一九三九年）、中国「江南の春浅い」戦線――。

これは第一章第一項に登場してもらった森下浩『愛馬は征く』（昭和十七年刊）からだが、ここにも「盲目馬」の事例があったことが伝えられている。発行年月日は太平洋戦争に入って二ヵ月後に当たる。

平松一等兵は自分の毛付馬である「三興」号の左目の異常に気づいている。部隊の獣医官に診てもらったところ、「不治に等しい盲眼」ということだった。

「本症は一眼或は両眼を侵し、或は両側交互に発作す。其発するや、療法を加ふれば全治するが如きも、再三発し易く、其数回に及ぶや終に失明に帰す。症候は羞明、落涙、眼瞼半開、或は閉鎖～等なり」（陸軍獣医部『病馬看護法』）。「濁晴虫症といった眼の病気です。水晶体の眼房液の中に虫が入り、時間がたつと眼が白く濁り失明するものです」（島田茂「軍馬を診る」、茨城県『八郷町文化誌「ゆう」第11号』所載）

馬にもいくつかの病気があることが分かるが、この三興号の場合も、時間を置かずして両眼失明という不運に見舞われたのだった。

平松一等兵は決意している。

「三興―お前の両眼は立派に祖国へ献げたのだ」「今日からは今迄助けてもらつたこの俺が、お前を助けて杖となつて戦野を共に進んで征くぞ」

盲目馬に水を飲ませる兵隊(『愛馬は征く』より)

訓練調教が続いた。健気にも黙々として進む「盲眼の戦士」三興の姿を見て「心を傷めぬ将兵」はいなかった。難路にさしかかって、つまづいたり、転んだとしても、誰ひとり、荒い言葉をかける気にはなれなかった。

小休止になると、ほかの馬たちは水を飲み、草を食べ始めるのだが、「不具」の三興は水を求めることができず、平松一等兵が水を鼻先まで持ってくるのを待たねばならなかった。これにも、やがて分隊長の「おい、三興の飼つけはしたか」という声が真っ先にかかるようになっている。

三興もまた、自らのハンディを補おうとする努力をみせた。部隊に出発命令が出ると、周囲は準備で慌しくなるのだが、三興はその気配をいち早く敏感に察し、「早く、早く」といわんばかりに一等兵に出発を迫るのだった。そして「心眼を開いた」三興は部隊の戦闘行動に「僚友(僚馬)に劣らず参加できる」軍馬となっていっている。

やがて、徐州、武漢、宜昌作戦といった戦史に残る激戦に参加した部隊では「三興を見ろ――盲目馬でさへ御国の為戦いぬいてゐるじゃないか――皆んな負けるんじゃないぞ」。そんなふうに励まし合った、とある。

盲馬を曳いた初年兵

以上の四編は、あの戦争時代における支那事変（日中戦争）から太平洋戦争初期にかけての「盲目馬」に関する刊行物に基づくものだが、戦後になって公表された記録となると、（当然のことかもしれないが）随分と趣の違ったものとなってくる。

平成十二年（二〇〇〇年）二月発行の『戦争体験を掘り起こす会（ＤＩＧ）・ニュースレター二十号』に「盲目の軍馬と二千キロ」と題した体験談が掲載されている。筆者の迫口力さんは、かつて中国湖北省天門に駐屯していた第五十八師団（編成地・熊本）直轄の独立歩兵第九十四大隊、行李（輸送）中隊所属の一等兵だった。のち上等兵。

迫口元上等兵（故人）は書いている。

「『この馬はお前が曳《ひ》くことになっておる』との上官の言葉が、戦後四十六年過ぎた今でも頭にこびりつき、後遺症として残っている」「私の脳裏にあるのは、ただ痛恨と憤りの思い出だけであり、現在も戦友の話を聞いていると断腸の思いがある。私の戦争体験は、同じ痛み、苦しみを味わった者でないと分からない、また信じてもらえない。盲馬を曳いた話は、いまだに家族にも話したことはない」

――昭和十九年（一九四四年）四月から半年余、独立歩兵第九十四大隊はいわゆる大陸打通作戦の一環として行なわれた湘桂作戦に動員され、苦闘を重ねた部隊だった。炎暑、豪雨、山岳戦。米軍機による波状攻撃。伝染病のまん延。中国軍もまた果敢に戦い、日本軍の損害には甚大なものがあった。

迫口一等兵が所属する輸送隊の任務は、この作戦間における物資補給にあった。

出発十日前、初年兵集合の命令で広場に行くと、持ち馬が言い渡された。馬名を「独余」といった。馬に接するのは初めてだった。おまけに「盲目馬」というのだから、ぶったまげている。日本産のオス馬。もちろん去勢はされていた。それを、初年兵に、出発までのわずか十日間のうちに自分の持ち馬として戦闘に耐えるよう調教せよ、というのだ。

「湘桂作戦には七万六千頭余りの馬匹を投入したとあるが、その中で、たった一頭の全盲の馬。独余との運命の出会いである」

飼料を与えてみた。気配は耳で感じているのだろうが、足踏みするだけ。鼻先まで飼料を持ち上げて知らせてやらなければならなかった。目の前で手を振っても反応を示さない。両方の目は白く濁り、黒目はなかった。

雑談めいた話になるが、持ち馬の名前についてである。

「独余」の読みは「どくよ」であろうか。残念ながら記事にはルビが振られていない。意地悪く読めば、独立大隊の「余り物」と受け取れる。もしそうだとしたら、いつ、どうして、こんな馬名になったのであろうか。

日本における徴発時には軍馬資格検査があった。従って盲目症状の発症は検査後のことであり、おそらくは大陸に来て、と考えられるから、その間は健常馬だったことになる。馬籍簿には立派な名前が記されていたはずなのに、一体どういう事情があったのか。なんともケッタイな話である。

念のため調べてみたのだが、部隊の原籍地である熊本県には「独余」なる地名はなく、またそれに似た独特の言い回しはないということだった。

決死の覚悟で運んだものは……

ま、そんな具合だったが、「命令」とあらば仕方がない。愛馬というには、まだ、ほど遠く、迫口一等兵には分からないことばかり。

「独余が先か、俺の方が先か。死ぬ覚悟で出発した」

出発してからというものは、クリーク、小川、田んぼのあぜ道、山岳地帯の急坂など、数え切れないほどの悪路を歩くこととなっている。その間、たとえば、小川にかかる一本橋では満足に渡り切ったことはなく、「必ず後ろ足を踏み外し」て転落した。

「他の馬なら平気でも『独余』には危険と思われる所があれば、迂回また迂回の遠回り〜なにより何事も人並みに出来ないのが切なかった」

道の悪いところ、いいところが分からないから、蹴つまずいて蹄鉄をよく落とした。テッ

峨々たる峻険を黙々として前線へ弾薬と糧食を輸送する兵と馬

難路だっ……愛馬がんばれ、そら、いまひと息(いずれも『愛馬は征く』より)

チン兵の手が回らなくなって、迫口一等兵は自分の軍足、軍手を千人針の手ぬぐいで巻いて急場をしのいでいる。千人針は出征中に亡くなった母親が息子の無事を祈ってつくってくれたものだった。

大きな川にぶつかったことがあった。破壊された鉄橋の下に狭い幅の吊り橋を工兵がかけていた。「独余」はここでも板の端から左足を落としてしまった。もがくうちに前足も踏み外し、はまったかたちで動けなくなった。迫口一等兵は戦友の助けを借りて駄載物と鞍を外し、一気に三十メートルほど下の川に馬体を押し落とした。

そして吊り橋を元の道に走り戻って、川面でもがく「独余」に懸命に呼びかけている。声だけが頼りなのだ。呼ぶ声にすがって泳いでくる。なんどもなんども川で転び、土手で転んで駆け戻ってきた。大きなケガはないようだった。その懸命な馬の姿に迫口一等兵は泣いている。「独余」も見えぬ目をこちらに向け、なにかを訴えているかのようだった。

「安堵の気持ちと同時に、何か訳の分からない憤りを感じ、また涙が出た」

戦友が、この調子ではお前の命が危ない、こんど山岳地帯にぶつかったら馬を谷に落とせ、と耳打ちしてくれたのだが、「独余」のすがるような姿を見ると、到底、そんな気にはなれなかった。

驚いたことがあった。

こうして「身命を賭して」物資輸送に死力を尽くして戦った迫口一等兵と「独余」だったが、度重なる転倒、転落で、背に積載していた木箱にガタがきた。最終宿営地で修理しようとして、うっかり中身を開店してしまった。

目にして、ア然としている。

それは、なんと、部隊長用のウィスキーとパイナップル缶詰だった。

戦後、迫口元上等兵は、戦友会のたびごとに「どうしてオレが『独余』を担当するようになったか」を尋ね回っている。だが、要領を得ない返事が戻ってくるだけだった。「誰かが曳かねばならなかった」との言葉がせいぜいだった。も、ひとつ、馬が盲目になったのは――。部隊の元獣医中尉の返事は「馬受領のときは立ち会っておらず、知らない」「盲目馬と分かっておれば、作戦には行かせなかった」というものであった。

迫口一等兵と「独余」は、それこそ「人馬一体」となって苛烈な戦線を戦い抜いた。走破距離は二千キロどころか、二千五百キロになる、と、あとで知らせてくれた元戦友もいる。青森~鹿児島までの距離に相当する。

終戦は上海近くの駐屯地で迎えた。そこが、戦友「独余」との別離の地となった。中国軍に引き取られていく直前、たてがみを切ってポケットに忍ばせた。だが、そのせっかくの「思い出」も復員船に乗るさい、中国軍の私物検査で没収されてしまった。そのことを迫口元上等兵は、のちのちまで口惜しがっている。

菜の花咲く戦線で

デンキな馬とデンキな初年兵

昭和十六年（一九四一年）三月、中国揚子江の上流域で展開された錦江作戦で、日本軍は思わぬ苦戦を強いられている。

師団主力の編成替えに当たり、前面の敵をしばらく大人しくさせるため「一撃加えておくか」。そんな調子で始めた戦闘だったが、深入りして逆襲をくらったのだった。

独立混成第二十旅団（槍部隊）第百五大隊連隊砲小隊、大浜勇上等兵＝写真＝は、このときの戦線で泥んこになって戦い続け、そして軍馬と共に思わぬ手柄を立てたから、妙なものだった。のち軍曹。

馬との付き合いは長い。

出身地である山口県の商業学校では「乗馬クラブ」に入っていた。軍隊では初年兵時代からずっと軍馬といっしょに過ごしている。もっとも軍馬と民間のクラブの馬とでは大違い。当初は「猛獣のよう」に感じられたものだ。

大浜 勇

そこで、ナメられてたまるか。「ふん、初年兵か」といった顔をしている古参の馬を手綱でひっぱたき、めちゃめちゃに蹴飛ばしたりしたものだから、通りすがりにたまたま見ていた将校が「なんちゅう乱暴な初年兵か」と怒りを忘れて口あんぐり。飛んできた指導役の古参兵からは「軍馬をなんと心得ちょるか。お前たちは一銭五厘で間に合うが、軍馬は三百円だぞ」と、早々に二発ぶん殴られている。

もっとも、そういうふうな荒療治が逆に功を奏したのか、馬の方で懐いてくれたのはありがたいことだった。ポケットの中に隠したセンベイを鼻先で探し出して甘えたり、あんころ餅のアンコだけをねだったりしている。

あるとき、「けんかだ、けんかだ。馬のけんかだ」と声がする。

駆けつけてみると、自分の担当馬（毛付馬）が大きな馬と蹴り合っている。相手は部隊ナンバーワンの大馬。こちらはその半分くらいの体格。それでも、めげずに蹴り合っているさまに、大浜は感動めいたものを覚えている。大浜自身、一本気な性格でもあった。

結果は「チャガン、チャガンにやられ」て、こちらの負け。大きな目からぽろぽろと涙を流し、大浜の元に戻ってきている。そもそもの原因は大浜がこの大馬の横に手綱をつなぐという「うっかりミス」だった。

そこで、スまん、済まん、相済まぬ、と徹夜で看病してあげたのだが、治療に当たった獣医将校がしみじみといったものだ。

「この馬はデンキじゃのう（意地っ張り・山口弁）。大浜、お前とそっくりじゃ」

馬が飼い主に似るのか、飼い主が馬に似るのか。そこんところは分からなかった。

敵中の行方不明中隊捜索

さて、いま、錦江作戦の真っ最中――。

延び切った戦線を横合いから突かれ、あちこちで小部隊に引き裂かれ、孤立しはじめている。雨また雨。戦線は泥沼状態と変わっていった。

このとき相手にした中国軍は精鋭中の精鋭だった。夜襲、強襲、決死隊と、日本軍顔負けの勇猛さで一歩も引かぬ。双方激しく交差する銃弾で、いまを盛りの菜の花が黄色くはじけている。

「夜間、勇敢に肉薄攻撃し来り、また防御家屋に対し放火し銃眼より手榴弾を投ずる等攻撃精神旺盛にして我が陣地前二〇～五〇米内に於て戦死する者多く、中には友軍の迫撃砲の全弾を受け黒焦げとなる等極めて勇敢なり」「敵の将校がマントをひるがえして手を上げながら指揮する姿は、如何にも日本軍をなめているように見え腹立たしく、狙撃したが身動きしないようで勇敢な態度であった」(『檜部隊史』)

そのような大変な時期、一兵でもほしいときに、大浜の所属する大隊のうち、第二中隊二百五十名が中隊長以下そっくり行方不明になるという事件が起きた。先に進んでいて、複雑な地形にまどわされ、はぐれてしまったのだった。

「作戦間において、地形、夜間、疲労、不眠など悪条件が重なることにより、小隊、中隊で一時行方不明になることはあるもので、ましてや単独兵の行方不明は決して珍しくなかった。将校ですら単独で不明になって大騒ぎとなる実例も再三あった。多くは何れも夜間行動中において疲労ボケ、高熱、下痢のためである」(同)

行方不明事件がよくあるといっても、いまや敵の大群がうようよしている戦線である。尋常な事態ではなかった。

その捜索任務に大浜上等兵ら三人が指名された。

いずれも馬には自信がある兵隊だった。「このあたりは残敵が多いから気をつけよ」と小隊長が心配してくれる。ご心配はありがたいのだが、こちらの方が残敵であり、敗残兵かもしれなかった。そんな状況下なのだ。

銃を背中に斜めにかけ、馬を飛ばしている。

行方不明の中隊長は歴戦の将校だった。行動するに当たっては「敵情判断の上に味方の情状まで考え」てくれる将校だった。そういうことからか、(のち判明したことだが)今回の一連の戦闘では、この中隊の損害が最も少なかった。

兵隊たちにとって、こんな「ありがたい将校」はいない。人気があった。だから、大浜ら捜索チームは余計に心配で、「無事を祈り」つつ、「残敵を警戒」しつつ、懸命の捜索を続けている。

途中、いくつか中国人集落を見つけて情報を聞き出そうとするのだが、どの集落でもさっぱりだった。それでいて、相手は「支那酒」とピーナツを出してきて、飲め、飲め、しきりにいうのだ。大浜は「さては毒入りか」と警戒して断わっている。四面、敵の土地なのだ。油断は禁物なのだ。

翌日正午ごろ、この中隊を見つけたときは、馬で三十キロを走破していた。

菜の花、麦畑、桃の花。中国大陸の「春なお浅き戦線」。敵味方入り乱れての激戦が続くなか、ぽっかりと穴が開いたような空間での出来事だった。

失敗に終わった錦江作戦だったが、さまざまな勇戦敢闘の物語が生まれた。そうしたなかでも、この捜索行は「ひと味ちがった」物語として、長い間、大隊戦友たちの語り草となっている。

処分3日前の愛馬「佐苗」と（大浜勇氏提供）

別れの写真

大浜はその功績により大隊長表彰を受け、間もなく兵長に進級した。

と、ま、ここまではよかったのだが、四ヵ月ほど過ぎたある日、あの捜索行で乗っていた軍馬が「処分される」という知らせが、別の任務についていた大浜兵長のところへ飛び込んできたからあわてた。

肺エソという馬にとって致命的な病気にかかっていた。肺が腐っていて、人にもうつる可能性がある悪性の高い病気ということだった。獣医将校の人情に訴えてみたのだが、「銃殺以外に方法はない」と首を振るばかりだった。

大浜はこの馬の首を抱いて泣いている。馬も「自分の死期」を悟ってか、しょぼしょぼした目に涙をいっぱい溜めていた。

写真は「処分」される三日前に戦友に写してもらったものだ。愛馬は「兵長になってよかったネといっているようで」もあり、この写真撮影時が最後の別れとなっている。

いまなお、大浜は、この写真と、あのときもらった表彰状を自宅の仏壇に収め、供養を続けている。

「佐苗《さなえ》」という名の、優しい目をした尾花栗毛のオス馬だった。

第六章

最後のいななき

やがて終戦――。
南方で、中国で、そしてシベリアで、
軍馬たちはそれぞれの運命を迎えた。
だが、日本内地に帰らされることなく、
付き切りで世話をしてくれていた日本兵とも引き離され、
いずれも絶望の道をたどっていっている。
せめての救いといえば、戦後シベリアの地において
旧毛付主の日本兵と「奇跡の再会」をし、
ほんの短い間ではあったが、
甘えることができた馬がいたことであったか。

ラバウルの軍馬

シドニー入城用の見事な馬

軍馬は、これまで見てきたような満州（当時）や中国大陸だけで戦っていたのではなかった。少なくとも南方戦線のジャワ島（現インドネシア）、アンボン島やチモール島の攻略戦、さらには南太平洋方面における日本軍最大の根拠地・ニューブリテン島ラバウルでもその姿を見ることができた。

多くが中国戦線などで戦っていた部隊の転進に伴い、そのまま運ばれてきていた。いずれの作戦地とも行き先は島々であることから、部隊によっては動員馬匹数を半減や三分の一に減じている。また、あるいは、

「ニューギニア大陸内も交通困難なため離島と同様の観を呈し、折角揚陸した自動車部隊もその活動範囲が限定され、また輜重兵連隊も多くは馬を後方に残置して派遣せられたので、各戦場における輸送補給は多くは人力担送に依存するという始末で、優勢な敵の物量作戦には到底対抗できる筋合のものではなかった」（『輜重兵史・下巻』）

ただ、このラバウル関係の部隊には次のような記録がみられる。

「昭和十七年九月、東南太平洋方面転進に際し兵団は山岳戦を考慮し保管馬を増加した。すなわち東方支隊（歩兵一連隊・山砲一大隊基幹）は転進中馬匹を増加し、スラバヤにおいて、さらに豪州馬サラブレッドとポニーを加えた」（『山砲第三十八連隊史』）

面白い話がある。

昭和十七年十一月、このラバウルから、さらにブナを経て南方に位置するガダルカナル島では日米両軍の壮絶な死闘が展開されていた。「ラバウル快晴、ブナ小雨、ガダルカナルは弾の雨」。そこで、ラバウルを経て多くの増援将兵や兵器弾薬などの大量の軍需物資が輸送船によって運ばれている。

第三十八師団独立騎兵中隊、古郡国雄軍曹＝写真＝もまた、増援部隊の一員として経由地ラバウルの港で輸送船への物資搭載を急いでいた。

小休止していたところで、一群の軍馬の中に「見事な」馬を見た。軍曹は所属部隊からいってウマにはうるさい。で、馬の番兵に尋ねてみた。「部隊長の馬であります。シドニー入城の際に乗っていただくものであります」。胸を張っての返事があった。えっ、おい、おい。おれたちはオーストラリアくんだりまで行って戦うのか。うーん、と。これからさらに続くであろう長い戦いを

古郡国雄

思ったのだった。

太平洋戦争初期、日本軍の景気がよかったころのハナシである。

念のため述べると、ガダルカナル島争奪戦が始まる前のことだが、どこまで真剣だったかはいまひとつ不明ではあるものの、大本営では「豪州本土攻略作戦」なるものが検討されていた。大風呂敷もいいところだが、随分と張り切っていたものである。日本軍の制圧下に入ったマレー半島から、フィリピン、インドネシア、豪州北部にかけての広大な海域を「大東亜海」と改称しようという案も浮上していた。

ラバウルに出現した軍馬の楽園

ラバウルにあった軍馬数として、昭和十八年九月の時点で「総数二千四百五十五頭」といった数字がみられる。「三千頭」という記録もある。

しかし、と、先の『山砲第三十八連隊史』は続けている。

「(ラバウルに)転進してからほとんど軍馬としての出番はなく、暑くて長い船舶輸送と飼料不足のため栄養は低下し病馬多発。馬匹管理隊を編成し、放牧を主体とする管理態勢に移行して患馬の救護に専念しました。病馬は主として仮性皮ソ、伝染性貧血など熱帯病で、セン痛も多発し、こんな病気で死なせては面目が立たぬと、毛付兵と一緒になって看護に一生懸命でした」(連隊本部獣医室獣医部)

小休止中の山砲隊の隊列。分解された砲が駄馬の背にある(『山砲兵第38連隊史』より)。中国戦線で

「馬匹管理隊」「放牧」といった言葉が出てきたが、これはラバウル駐屯第八方面軍全体の軍馬を、連絡用、乗馬用は除き、集中管理したことである。部隊の所在地によっては草地や草原に恵まれず、自隊所属の「馬の飼料不足」が懸念されていた。一方で「ラバウル防衛のための」陣地構築作業が本格的に始まったことから兵員のすべてをそちらに回す必要があった。そこで部隊の垣根を取り払って馬を一堂に集め、獣医部を中心とした少数管理隊による集中飼育が行なわれることになった。

昭和十八年(一九四三年)四月十七日のことだった。比較的地味が肥えて草がよく育つ高原の二ヵ所を選んで放牧する。隣り合わせに三つの「牧区」をつくり、草を食い尽くすと、順番に隣りの牧区に移る。「輪牧(輪番牧区)」であった。

以上、現代風にいうと、統廃合によりムダを省き、経営の効率化を図りました、ということになろうか。なお、満州北部愛琿に駐屯の第百八師団歩兵第五十二連隊でも千頭程度の集団管理記録がみられる(『第五十二連隊史』)。ラバウル管理隊の一員だった山砲第三十八連隊第一大隊第三中隊、大長良平《だいちょうりょうへい》伍長は書いている。以下、戦友会編『ラバウルの戦友《とも》』第七号掲載の「軍馬《うま》と兵隊」によれば、

「牧区は、中に森あり、川あり、なだらかな起伏の多い丘には青草が生い茂っていた。馬は蹄鉄をはずしてその中に放たれ、誰はばかることなく自由に飛び回り、草を食べ、水を飲み、そして勝手に木陰の憩いを楽しんでいた。空襲さえなかったら、馬たちにとっては正に地上の楽園だったと思われる」

「日本内地で徴発されてからこのかた、初めて手綱を放されて、自由気ままな振る舞いの明け暮れは、軍馬にとっては、この時期が一番幸せな期間だったことであろう」

激戦地のひとつとして数えられるラバウルで、こんな情景が見られたとは——。

蹄鉄が農具に変身

もうひとつ、つけ加えると、

放牧馬から外された大量の蹄鉄が、農作業用の鎌《かま》に変身していることがある。

「ラバウル十万」将兵の現地自活態勢づくりに必要不可欠のものだった(実数は約六万)。

ニューブリテン島東端の一角にたてこもっているかたちの日本軍にとって、この「現地自

活」は、それこそ命にかかわることであった。米軍機による空襲は連日のように続いていた。そのなかで、食料確保が急がれたのである。

「すでに我々は屯田兵化しており、戦闘訓練さえも疎かにしていた。この時点では、訓練よりも食料の確保が第一目標であったのだ」「与えられる食事は、腹八分目どころか、四分ぐらいである。しかも苛酷な労働の毎日で、これでは若いといっても、体力が続くはずがない」（横川正明『ラバウル攻防戦と私』旺史社）

第十七師団（編成地・姫路。通称号・月）工兵第十七連隊、横川正明一等兵＝写真＝は、連隊本部でこの農具用鎌づくりを命ぜられた組だった。もともと「刃物鍛冶職人」だった。蹄鉄ひとつから鎌二丁が出来る。鋼鉄でなく鋳鉄だからつくりやすい。だが、そうはいっても、空腹の身にとってはたいへんに辛い重労働だった。このへん、戦友とはありがたいもので、物資収集——早くいえば、食べ物探し——の帰りにイモやパパイヤなどをもってきてくれるので助かっている。

横川正明

空襲に死傷馬続出

続いて、横川一等兵は書いている。

「上海で大量の馬を積み、ラバウルに上陸させたが、あの馬は一体どうなったのだろう、と疑問を抱く者が大勢いた。それはラバウルでは将校の乗馬姿を見たことがないからで、馬はかなり爆撃で犠牲になっているが、しかし、野砲の連中から馬を食っていると耳にしたり、また、馬肉の分配を受けた隊の兵隊が、十分に火の通らない肉を食べ、ひどい下痢にかかり、手当ての甲斐もなく亡くなった、とも聞いた」

ひどい食料不足のなか、直接軍馬に接していない部隊の兵隊たちの間で、いわゆる食料資源としての馬に関心を持ち始めた様子がうかがわれるようで興味深い。

一方、放牧場の馬たちへの災難も大きくなってきていた。空襲による被害である。それまでにも適宜に農耕用としても使役していたのだが、爆弾投下、機銃掃射により、どこへ行っても無事というわけにはいかなくなったのだった。

「敵機来襲の増加のため、昼間は遮蔽地に収容、夜間放牧した」(『山砲第三十八連隊史』)

しかし、それも応急措置。死傷馬続出、管理隊員も同様とあっては、ついに放牧中止という事態を迎えるに至っている。この戦史に珍しい馬匹管理隊が発足して、一年足らず。馬たちにとって「一番幸せの時期」はこうして束の間のうちに終わってしまった。

「十九年二月以降、ラバウル上空は完全に敵に制空権をゆだねるに至り、放牧管理は不可能となったので、必要の少数馬以外は第十六兵站病馬廠に移管、昭和十九年三月一日その編成を解いた」

元の所属各部隊に引き取られるさい、馬の数は「当初の三分の一から四分の一」になっていた、とある。

豪軍指令の無情──馬は食料に当てよ

第三十八師団歩兵第二百二十九連隊、大島義郎中尉＝写真＝は連隊本部情報将校としてラバウルの地にあった。

大島中尉によれば、当時、ラバウルには日本内地や中国大陸から引き連れてきた軍馬が多くいた。作戦で使うような機会はなかったが、主として「伝令通信、運搬用、農耕用」に使用されていた。連隊でも百頭ほど保有していた。

やがて、終戦。進駐してきた豪州軍が「トラックと馬は武装解除の対象外とした」ことから、依然として日本側の交通機関や農耕馬として活用されていた。ところが、将兵の日本復員に当たって「保有の馬はその全部を処分して食料に当てよ」という豪軍指令が出たことから、困ったことになっている。

大島義郎

獣医将校たちは「ンな可哀相なことができるか」と息巻く。砲兵隊や輜重部隊にも「活兵器尊重の精神」が染みついている。さて、どうすべきか。最善の解決策は将兵と共に一緒に帰国することだが、これは出来ない相談。連日、対策会議が行なわれている。三つの案が検討された。

①ジャングルに放置して天寿を全うさせる、②処分して食用に供されてこそ動物の本願だ、③豪軍に引き取ってもらう。

議論の末、①案は現地の人が「野菜を食べられてしまう」と拒否反応を示している。③案は豪軍が頭をタテに振らない。そんな調子で、結局、②の処分案に落ち着いている。

「慢性的な食料不足に悩まされていたこともありました」

しかし、誰も手を貸そうとはしない。豪軍が指定した期限も迫ってくる。ぎりぎりの期限になったところで部隊ごとに馬を交換することが流行したというから切ない話である。なじんだ自隊の馬を処分するのは耐え難いが、他隊の馬なら、なんとか、という理由による。

ジャングルの奥に連れていかれている。手オノで馬のヒタイを打つのだ。

「聞こえないはずの軍馬の最後のいななきが、ジャングルの奥から聞こえるような気がして、たまりませんでした」

冷雨、寒風のなかで

氷雨に震える敗軍の馬

第四十師団（通称号・鯨）通信隊、佐藤貞《さとうただし》上等兵＝写真＝は、終戦の日を中国南昌省で迎えている。

通信隊にも軍馬が必要だった。重い通信機材を分解して、その背で運ぶのである。だが、「馬運が悪くて、ですなあ」。それまで二頭の馬を失っていた。部隊に馬が補充されてくると、まず、砲兵隊がいいのを選び、次いで輸送部隊の輜重隊が取り、最後の通信隊には「余り物」の弱い馬しか回ってこないからだった。

鯨部隊は大陸をさんざん歩かされた部隊だった。泥んこ道で馬が倒れる。もうダメと分かると、「手綱を切る」ことになる。口のハミ（口輪）を外し、足の蹄鉄を外す。「蹄ナケレバ馬ナシ」との言葉通り、蹄をはずされた軍馬はもはや廃馬でしかなかった。「馬は死ぬまで歩く」。だから余計、不びんなのである。

泥の中から馬は首を高くもたげ、いななく。その横を後続部隊がどんどん通過していく。ぐずぐずできない。せめて、目で哀悼の意を送るだけ。行軍中は、それが即、愛馬との別れとなるのだった。

佐藤　貞

露営地まで来て息を引き取る馬は、まだ幸せというべきだった。兵たちがせめてもの「死に水」を与えてやれるからだ。ただ、これには、ちょっと難しい面があった。横になった馬の口に水を与えようとしても、含むことができず、向こう側、つまり下にこぼれていってしまうのである。

道端の溝にはまった軍馬。行軍中に歩けなくなった馬の運命は哀しかった

埋める作業は辛かった。馬の体形に合わせて、穴を大きなコの字に掘るのだが、なにせ図体がでかい。日中の行軍で疲れた兵には深く掘るのは大仕事だった。

終戦になって、広場に軍馬が集められた。

「三十頭はいたろうか」

中国軍側の引き取りが遅れた。それでも、接収馬に触ることはまかりならぬ、と、こうだ。村人が世話することになっていたが、馬は広場につながれたままだった。

「エサ不足でやせこけ、氷雨の降る時など、ががた震えて立っているのがやっと。尻が十センチぐらい左右に震えていた」(佐藤・手記)

見かねて、兵隊がカラス麦の入ったエサ箱を棒で押しやって与えることがあった。そのさい、注意しないと「狂ったように暴れて抱き込まれてしまう」ことになる。馬にとっては、エサもさることながら、世話してくれる日本兵がうれしいのだ。

　戦闘のさなか、右足を負傷した佐藤を、たてがみにしがみつかせ、一気に坂道を駆け上がって窮地を脱出させてくれた馬。反対に佐藤の方が自分の腰に回したロープで疲れた馬体を引っ張ってやったこともあった。暑くてバテてくると、手綱を引いて前を行く佐藤の肩に、その長いアゴを乗っけて「楽チン」を決め込んだ馬。「アゴを出す」とはこのことか——いま、そんな軍馬たちが、寒風、氷雨のなか、立ったまま震えている。

　佐藤上等兵は、ただただ、敗戦のつらさ、悲しみを全身で受け止め、見守るしかなかったのだった。

雪の荒野での邂逅

宮崎喜一

　第五十九師団（通称号・衣）の独立歩兵大隊、宮崎喜一見習士官＝写真＝は、中国北部で戦い、満州まで行き、反転して朝鮮半島北部まで列車で下がったところで、終戦を迎えている。最終階級、陸軍少尉。
　この衣師団はなんとも不運な面があった。戦争中は八路軍（中国共産党軍）と「血で血を洗う」ような苛烈極まりない戦闘に明け暮れしたあげく、のち戦犯関係者を多く出している。宮崎たちの部隊も、せっかく朝鮮半島まで来ながら列車もろともソ連軍

（現ロシア）の支配下に置かれ、ナホトカから日本に帰されるのかと思っていたら、そのまま、シベリアに連れていかれた。

シベリアの冬は早い。強い風が渡れば、あっという間に雪が降る。その白一色の雪原を、宮崎らは歩かされている。終戦直後とあってソ連側も受け入れ先の収容所が不足していた。捕虜たちは、あっちへ向かわされたり、こっちに動かされたりしていたのだった。

みな、「寒さと飢えと疲労」で「なんの感情も起こらず」よろよろと歩き続けている。時折、列の後方から、いらだつソ連軍兵が発射する銃撃音が伝わってくる。

そのとき――。

「ふと、その原野の遠い果てに、黒い一群の生き物らしいものがいるのに気がついた」子よくよく見ると、馬の群れだった。そのうちの一頭がふいと頭をあげた。こちらを見つめた。と、一散に駆け出した。続いて二頭、三頭。そして何十頭もの馬がこちらに向かって一斉に走りはじめている。

日本馬。軍馬の群れだった。

「やせ衰えて、肋骨がまさに洗濯板のようだ。首は細って、その先に大きな頭蓋骨のような頭がついている」（宮崎・手記）

彼らは懐かしい軍服を見て、おどりあがって喜んだにちがいなかった。いつも、熱心に水や飼葉の世話、毛並みの手入れをしてくれていた日本兵が来た。いつも甘い物を隠していて、そっと食べさせてくれたあの日本の兵隊が来てくれたのだ。

日本兵捕虜の列に駆け寄った馬たちは、後足で立ち上がる元気はなかった。その前に、さっそく兵の間に入り込み、鼻先を押しつけ、ポケットの中をさぐりはじめている。ろくな食べ物も与えられず、労役に酷使されているのか。雪の中に立ったまま眠る日々なのか。首を抱かれ、鼻をなでてもらい、うれしそうに、いななく姿が哀れであった。

だが、いま、捕虜の身。なにもしてやれぬ。なにも与えてやることができぬ。

居合わせた日本兵全員が泣いている。

やがて、ソ連兵に追い立てられ、雪の荒野に去りゆく軍馬たち。

その黒い目に、深い悲しみと絶望の色がたたえられているのを、宮崎見習士官ら日本軍捕虜たちは足元が崩れそうな思いと共に見たのだった。

びょうびょうと、両者の間を、シベリアの寒風が吹き抜けていっている。

馬糞拾いが仕事だった

五八刑法の恐怖

ソ連（現ロシア）による日本軍捕虜を主体とした日本人抑留者に対する仕打ちは、無法極まりないものだった。

ソ連の平時国内刑法第五十八条に「資本主義援助」「スパイ工作」条項があり、これに抵触すると、最高二十五年の強制労働が科せられた。

元はといえば、いわゆるロシア革命によって成立したソ連邦（ソビエト社会主義共和国連邦）に反対する自国内の危険分子を排除するための国内法だった。当初、施行時の最高刑罰は「銃殺及び全財産没収」だった。第二次世界大戦終結直後、死刑は廃止され、代わって強制労働の最高刑が十五年から繰り上がって二十五年となり、これが乱発されるようになっている。

日本人抑留者の間で「ゴパチ」刑法として知られ、恐怖の的だった。しかも裁判は、おおむね、弁護士なし、下手なロシア人通訳がつくだけ。場所も内務省出先の事務所や収容所、または監獄内で行なわれ、非公開だった。（拙著『ソ満国境１９４５』光人社参照）

例えば、こんな問答が記録されている。

（相手裁判官が旧日本軍のソ連、外蒙古に対するスパイ行為を厳しく弾劾する）

「では、なぜ、そんな罪になることを、ソ連も外蒙古も満州国に対して行なったのか。諜者をどんどん投入したり、また武力をもって（満州国側の）住民や国境監視兵を拉致したではないか」「観点が違う。ソ連や外蒙古は世界のプロレタリヤートを解放するために必要な事を調べる目的でやっている。正義の行為だ」

「それではソ連、外蒙古の行為に他国が大迷惑しても。これを防ぐ方策を講じるのはいけないということになる」「そのとおりだ」「他の国々の独立主権はなくなるではないか」「そんなこと、こっち（ソ連）の知ったことじゃない」

そんなこんなで、もうめちゃめちゃ。

みじめなソリ道清掃

これら長期受刑者の抑留生活もまた、厳しいものだった。

樺太（現サハリン）特務機関員として国境地帯で対ソ防諜任務についていた南部吉正陸軍曹長＝写真＝も、終戦直後、真っ先に逮捕され、「強制労働十年」となった組だった。諜報機関員を養成する陸軍中野学校出身でロシア語をよくした。樺太ではソ連側のラジオ放送をモニターしていたのだが、これが「ソ連の軍事機密を盗んだ」とされた。

南部吉正

「長期抑留の人々は主として政治犯ラーゲリ（強制労働収容所――ソ連でいう矯正労働収容所）に投じられた」「異国の囚人に囲まれた生活は～毛布も布団もなく、着た切りのままで木の寝台に寝起きし～粗末な食料で、一年中、日曜を除き労働に明け暮れ」「囚人に対する扱いは苛酷を極め、真に地獄絵の再来を思わせるものがあった」

南部曹長手記「シベリア・最後の日本馬」（『平和の礎―シベリア強制抑留者が語り継ぐ労苦⑬』所載）によれば――、

シベリアの奥地で「ソリ道清掃」の仕事をやらせられた。積もった雪を白樺の枝でつくったホウキで掃き寄せ、馬ソリの通り道を確保するのである。入ソ三年目の冬。それまでの森林伐採、鉄道建設で、体力は弱り切っていた。

馬が駆けながら目の前でフンをする。その馬糞を片づけなければならなかった。たちまち凍りついて岩石の塊のようになり、ソリ通行の障害になるのだ。南部はかすかに湯気を立てている馬糞を両手ですくい上げ、道端に捨てながら、「世界中探してもこんな仕事はあるまい」と思っている。

「みじめな、そして孤独な作業であった」

六メートルほどの木材を十数本も積んだ馬ソリの馬は「シベリア馬」と呼ばれる小型の黒馬で、短いたてがみを打ち振りながら懸命にソリを引く。それでもロシア人御者たちは、蒸気機関車のような水蒸気を二つの鼻穴から噴き出している馬に「急げ、急げ」、容赦のないムチを振り下ろす。馬たちのあごには、二、三十センチほどもある長いツララが何本も垂れ下がっていた。

用便のため足を止めようとする馬もいた。それでも御者は「止まるな、急げ」と、ムチでたたく。たまらず馬は小便も糞も垂れ流しながら駆けて行くのだった。

そのうち、どうにか仕事にも慣れ、往来する約五十頭の馬ソリ御者の何人かとも顔見知りになった。馬の特徴も分かるようになってきた。

小型が多いシベリア馬の中で、中型の栗毛がいた。御者に乱暴に扱われていた。栗毛のあごにはツララが下がり、まつ毛は凍りつき、やせて肋骨ばかりが目立ち、四本の足はぶるぶる震えていた。南部はその若い御者に声をかけている。

「しばらく休ませたらどうだ。疲れているよ」「ノルマ（一日の割り当て仕事量）がかかっているんだ。休むわけにはいかん」「この馬、日本産ではないのか」「そうらしい。日本の馬は図体ばかりデカくて、からきし力が出ねえ」

一年前までは多くの日本馬がいたのだが、これ一頭だけになった。冬を迎えるたびに寒さで次々と倒れていったということだった。「シベリア産馬は小柄だが、強いぞ」。そういって、粉雪の中、御者は再びムチを手に取った。

わずかな会話の時間だったが、その間にソリは雪面にぴたりと凍りつき、南部ともう一人の御者の応援を借り、後から押してやらねばならなかった。

樺太国境地帯ではトナカイが物資輸送に使われていた。写真の人物は南部特務機関員（昭和18年7月）

そんな寒さなのだ。

南部曹長は書いている。

「どれほどの馬が（日本の）関東軍にいたのか。それら数百、いや数千頭にのぼるのではなかったのか。捕虜となった兵たちとは別仕立ての車両で馬たちはシベリア各地のコルホーズや伐採ラーゲルに送られた」「馬たちにかけられていた日本語が、急にロシア語に変わった時、彼ら馬たちは戸惑ったのではないか。それに、このマツゲさえ凍る寒さと容赦なく打ち振られるロシア人たちのムチの痛さ」

「彼らは寒さだけでなく、信じていた人間の無情さに震え上がったのではなかろうか」

死馬の一物を食らう

数日後の夜、バラック宿舎で空腹を抱えて寝ていた南部曹長は、別の部屋に寝泊りしていたロシア人御者たちが騒いでいるのに気づき、目を覚ましている。肉が焼けるうまそうなにおいがするのだ。

「死馬が出た」「その肉を食っているのさ」

年中腹ペコで過ごしている者にとって、たまらないニュースだった。

この収容所代わりの宿舎にいるもう一人の日本人抑留者に知らせ、二人で厩舎に行ってみると、死馬はすでに白骨化していた。ロシア人御者たちは久し振りの蛋白源とあって、内臓まで取り去っていた。

二人は舌打ちし、溜息をつくしかなかった。だが、よくよく見ると、後ろ足の間に黒い物が残っている。

「馬のチンポコだ」「食えませんかね」「ロシア人さえ残したんだから到底食えまい」

それでも、と、切り取り、三十センチほどの一物を二センチ幅に輪切りにし、雪の塊と共に飯盒に入れ、ペチカにかざしている。調味料も塩もなかった。二人にとって腹がふくれるということ、そのことだけでも貴重なことだった。ぜんぶ平らげてしまっている。

翌朝、死馬はあの栗毛だったことを知った。旧関東軍の軍馬にちがいなかった。死に至るまで酷使された軍馬。死してなお、一物まで食い尽くされた軍馬――。

南部曹長は、ロシア人御者から「死馬が出た」と聞いたとき、ひょっとしたら、と、そんな思いが頭の中をかすめたことを覚えている。だが、その一瞬後には、「食えるだろうか」と、死馬の白骨の前に立っていたのだった。

「日本産最後の馬だったんでしょうね」「おれたち、取り返しのつかないことをしてしまったよ」「罰当たりになるでしょうか」「多分な。たたりがあるかもしれんぞ」

雪はしんしんと降り積もる。

今日もまた、白樺のホウキで道を清掃し、馬糞を拾わなければならぬ。

愛馬「杉代《すぎしろ》」との別れ

優しかった飼い主を捜して

第百三十一師団、神谷良吉主計中尉は、昭和二十年（一九四五年）八月十五日、終戦の日を中国揚子江中流の安徽省安慶で迎えている。その後、部隊は安慶城の北にある安慶大学に収容されていたが、その抑留生活中、忘れられない記憶がひとつある。

終戦年の冬の日——。

中国軍の要請で各部隊から抽出された作業要員の兵隊五十人が、寒風吹き渡る揚子江岸沿いに作業先の倉庫に向かい、四列縦隊で歩いていた。とつぜん前方から一頭の馬が高くいなきながら走ってきている。中国軍の飼育場から脱柵（脱走）してきたのか。

兵隊たちは一斉にその馬を見た。終戦と共に中国軍に接収された旧日本軍の軍馬だった。おっそろしくやせていたが、久し振りに見る大きな日本産の馬だった。馬の方もかつての主人である旧日本兵のにおいに興奮しているかのようだった。たてがみを振り乱しながら、隊列に近づくと、立ち止まっては走り、兵隊の顔を一人一人のぞきこみ、まるで誰かを捜すかのように、また立ち止まっては走るのだった。

そのとき、隊列後方の兵隊の間から、「おお！　おお！」という大きな声が上がった。すると、馬はぴくんと耳を立てて、そちらの方を見ていたが、すぐ捜していた主を発見したのか、喜びにいななきながら、その主の方へ走り寄っていった。そして、その兵隊のヒゲ面にほほをすり寄せ、大きな図体で盛んに甘えるのだった。兵隊は、「うおん、うおん」と大声をあげ、泣きながら馬面を抱きかかえている。

「中国軍に接収管理された日本馬は、飼葉も十分に与えられず、手入れも満足にしてもらえず、見るかげもなくやせ細って骨と皮だけになっていた。どんなにか、優しかった前の主人が恋しかったことであろう」「馬と兵隊、動物と人間が、こんなにも深い愛情で結ばれているのに、何ゆえの戦争だったのか、と思わずにはいられなかった」（神谷・手記）

思い出深い〝くせ馬〟

満州牡丹江で編成された独立混成第七十九旅団砲兵隊第二大隊第一中隊付、東山林曹長＝写真＝は、鮮満国境の安東で終戦を迎えた。

本隊が本土防衛で日本内地に移動したため、かき集めた残兵で編成された対ソ戦部隊だった。砲兵とはいうものの、砲といえば中国軍から奪取した迫撃砲四門が中隊にあるだけだった。撃つべき実弾の数も乏しかった。

「これが、あの精強を誇った関東軍の末路か、と」

兵隊も現地召集の年配者や少年兵が多く、頼りになりそうになかった。

東山　林（伍長当時）

のち、これら未教育兵のほとんどがシベリアの酷寒と栄養不足により、ばたばたと倒れていっている。

終戦と共に進駐ソ連軍によって、千頭近くいた部隊の軍馬は接収された。東山曹長の愛馬だった「杉代《すぎしろ》」もまた例外ではなかった。オスの去勢馬で六歳。北海道産サラブレッドの雑種。顔の左右に白い「小星」がある黒栗毛の立派な馬格をしていた。

「五年間も行動を共にした数々の思い出をかみしめながら、たてがみを切って形見とし、好物であったコウリャン（高粱）を飯盒で煮て与え、別れを惜しんだことでした」（東山・手記）

五年間も行動を共にしたというには、じつはワケがあった。「蹴る、かむ、覆いかぶさる」。さらには逃亡ぐせ（放馬）と、三拍子以上の欠点がそろった厄介馬だった。「くせ馬ほど調教次第で名馬になる」といわれるのだが、もうひとつ、どういうわけか「将校嫌い」で、長い剣をつけた将校が乗ろうものなら、暴れ回ってどうしようもない。

そこで、農家育ちで馬の扱いに慣れている東山に調教役が回ってきたのだが、不思議なことに東山だけには従順だった。そんなもんで、元はといえば大隊長用として連れてこられたはずなのに、そのまま当時一等兵の東山の持ち馬（毛付馬）となっていたのだった。

通常、一等兵の分際で専用馬を持つことは考えられないのだが、この場合、「それほどならば」との大隊長命令があってのこと。これは戦後になっての話になるが、復員した東山は高知競馬場の騎手試験を受け合格している。結局は年齢制限と体重の重さでプロ騎手になれなかったのだが、それほどに馬好きだった。

シベリアでの奇跡の再会

東山曹長が語るシベリア抑留物語はすさまじい。

「劣悪な給与（食料事情）、敗戦虜囚という汚名を着せられた精神的打撃は、我々の体力を急速にむしばみ続けたのであります。加えて、零下三十度を超す酷寒の毎日。そうした環境にあってノルマとマンドリン（自動小銃）に追い立てられる伐採作業、さらに我々を苦しめたシラミ、南京虫の大群の総攻撃を受け」「この六ヶ月間、衣服は着たままで、一度も洗濯したり消毒したりして、着替えしたこともありませんし、入浴したこともありませんでした」「もしこの世に地獄というものがあるとすれば、このときの状態を指しているのではあるまいか、と今、つくづく思い出しています」

そしてソ連兵による「東京ダモイ」（ヤポンスキー・ゾルダート・スコラ・トウキョウ・ダ

モイ）との言葉に、いくどだまされ、くやしい思いをしたことか。喜び勇んで荷物をまとめたところで、列車に乗せられ、東京とはまるで反対方向のシベリアの奥地へ奥地へと送られていったのだった。

東山曹長はシベリアのキルガという土地のラーゲリで、昭和二十三年十一月までの二年余を過ごした。約百人の戦友と一緒だった。伐採作業や材木運搬、材木の貨車搭載作業のほか、草刈り、農場の手伝いが主な仕事だった。

その二十三年の春のこと——。

伐採作業の後片づけをしていたところへ、木材を積んだ馬ソリがやってきた。そして、ちょうど東山らが見守る前で、雪解けのぬかるみにソリの片方を落とし動けなくなった。ロシア人の御者は「このノロマが」と悪態をつきながら、やたらとムチをくれている。

そのとき、東山は「おや」と思っている。そのやせて、もがいている馬に「どうも見覚え」があるような気がしたのだ。おや、と、さらに近づき、そっと声をかけてみた。

「杉代、スギ、よ……」

「すると、もがいていた馬の耳がぴーんと立ち、ゆっくりと私の方へ振り向いた。赤く充血し焦点を失ったような目に、きらりと光るものが見えた。私は『おーら、おーら』といいながら首筋を軽くたたき、軍隊でやっていた時と同じように左前方から、特徴、傷痕を調べた」（同）

間違いなかった。

まぎれもなく、馬は、あおの暴れ馬の、そして東山だけになついていた愛馬杉代だったのだ。「なんという奇縁、奇遇であろう」。別れて三年近く、そしてこの広大なシベリアの地でばらばらになったあと、再びめぐり合おうとは――。

ロシア人御者の身振り、手振りを交えた説明によれば、やはりこの馬はかみついたり、蹴ったりして、何人もケガをさせて使い物にならないため、二足三文でこの地に木材運搬馬として送られてきた、ということだった。

酷使され、乱暴に扱われていることは、一目瞭然だった。

「私は彼に代わって手綱を取り、手まね足まねで説明しながら、この馬の扱い方を教えつつ、軍隊当時の音声による扶助と馬の呼吸に合わせ、めり込んでいたソリを引き出した。『スギ、よくやったぞ』と愛撫すると、充血した目で私をみながら、鼻孔を大きく開いて、ぶるぶると鳴らした。そして首を私の胸にこすりつけて、いくども愛咬を繰り返した。馬としては最高の愛情表現である」

再び愛馬と……

東山曹長と愛馬杉代との物語は、もうちょっと続いた。

再会した数日後、収容所長のソ連軍少佐から直接の呼び出しを受けた。なにごとかと不安を覚えながら出頭してみると、例の馬ソリの御者男から報告があったらしく、馬との関係を尋ねられた。大切に肌身につけていた「形見のたてがみ」を見せたところ、驚いた所長命令で杉代が連れてこられ、再び会うことができた。

所長はひどく感動したらしく、それからは杉代とペアになっての木材運搬の仕事をさせてくれたから、素直に喜んだ。馬も甘えるように体を寄せてくるのがいじらしかった。そんな具合だったから、いつも仕事は大いにはかどり、そう苦労せずに「二百パーセント」のノルマを達成することがたびたびだった。

そんな日、所長が思いがけないことを言い出している。

「セルジャント・ヒガシヤーマは優秀だ。カピタンにするから、ここにいて働いてはどうか。可愛い娘も選んでやろう」

もちろん断わったのだが、いま、東山は深い追想に沈むことがある。

ソ連人をかんだり、蹴ったりしていたのも、兵隊と同じように「虜囚のうっぷん」を晴らしていたのであったろうか。その後、東山と一緒に働いていたときのように「素直で従順な」一生涯を送ったのであろうか。そして、それが本当に最後の別れとなった日、夕日に赤く染まった西空に向かい、大きくいななきつつ、黒い影となって遠去かっていった愛馬杉代の後ろ姿――。

第七章

軍馬「勝山号」の帰還

「十五年戦争」ともいわれるあの戦いで
戦地に送られた軍馬は膨大な数にのぼった。
だが、還ってきた軍馬は「ゼロ」に等しい。
兵隊もそうだったが、軍馬の場合も、
あまりにも悲惨な死、空しい死、悲しい死があった。
「馬は笑った。悲しいときには涙も流した。
話かけると首を縦にふった。
人馬一体になっていたのである。
馬の死は戦友の死でもあった」
いま、馬頭観音はなにを語るのか——。

五十万頭の死

馬たちの戦場

いわゆる十五年戦争の日中戦争から太平洋戦争にかけ、戦地に送られた軍馬は膨大な数にのぼった。比較的最近の研究資料である秦郁彦「軍用動物たちの戦争史」(『軍事史学』第四十三巻第二号、平成十九年)には「五十万頭前後」の数字が記されている。

数字が必ずしも明確でないのは、終戦で関係書類の多くが廃棄、または焼却処分されたことによる。ほかの軍事関係資料もそうだったが、もともと軍馬に関する資料もかなりの程度で機密扱いされていたところがあった。このため、基本的資料が失われてしまったとなると、余計に原データの復元には困難な面があるようだ。

例えば——。

地元長野県における軍馬碑調査に長年取り組んでおられる元小学校校長、関口秀徳『軍馬碑調査余禄・軍馬関係文書資料』(平成十七年)には「軍用保護馬飼料大豆粕配給に関する件」というタイトルのもと、長野県購買販売組合連合会松本支所が各産業組合長に出した通達（昭和十五年三月二十五日付）が記録されている。
「注意（本件は）軍費秘密関係ナレハ市町村ノ保護馬頭数取数ヲ公表セサルコト」
長野県からも多くの軍馬が徴発されて戦地に出て行った。関口さんは県内に残る古い軍馬関係資料の調査作業の過程で、集合場所に向かう徴発馬の多くが「専ら夜間移動」だったことに気づいている。これは暑さ対策や交通障害の回避といった面もさることながら、基本的には「人目に触れないようにした」「軍事に関することは秘密」だったからではなかったか。そんな推論をされておられるところだ。

また、つい最近では、元高校教諭・森田敏彦著『戦争に征った馬たち』（清風堂書店、平成二十三年）が出ている。「はじめに」の項に「民衆の戦争観を明らかにするという立場から、軍馬碑が建設された社会的意味を考えてみたい」と研究に取りかかった趣旨、動機が述べられている。

さまざまな角度からの「軍馬研究」が進むことが期待される。

大陸への玄関口、北九州・門司港に残る「軍馬水飲み場」

還らなかった馬たち

話が進み過ぎた。

それでは「征った馬」があるからには「還った馬」があるだろう、となるのが普通の健康的な発想なのだが、じつはこの数字もはっきりしていない。一口に「あの戦争で外地に行った馬は一頭も還らなかった」といわれる。大まかにいえばその通りである。いくつかの細い生還例は次項以降で扱ってみるが、ともかくも「五十万頭前後」が出て行って「一頭」も生還しなかったとは、ほんと、尋常でない。

兵隊もそうだったが、軍馬の場合も、あまりにも悲惨な死、あまりにも空しい死、あまりにも悲しい死、があり過ぎた。すでに数々の事例を記してきたが、改めてそのいくつかを取り上げてみたい。

◇ビルマ方面インパール作戦、イラワジ会戦で——

以下、軽部茂則元軍医中尉『インパール—ある従軍医の手記—』から——。

「馬はよく働いた。どんな難儀な山道でも、兵の言葉がわかるかのように忠実に従った。しかも重い荷物を少しもいやがらずに背にして運んでくれた。牛同様馬の食料はすくなかった。しかし、牛のようにわざと寝転んだり、荷を跳ねのけたりは絶対にしなかった。馬は自分が倒れるまで働く」「馬の頑張りは身にしみてありがたかった。たてがみをなでてやると馬は笑った。悲しい時には涙も流した。話しかけると首を縦にふった。人馬一体となっていたのである。馬の死は戦友の死でもあった」

だが、それも、やがて、

「図体の大きな馬は敵機から一番狙われやすい目標となった。次々に馬も倒れていった。飢餓と酷使と銃撃に。そしてその肉は、すぐ周りにいる者の口におさまってしまう」「牛馬こそアラカン山中最大の被害者で、一頭も還らなかったのである。路傍には馬の骨、無惨に放置された将兵の死体が、日一日と増え、凄惨な白骨をさらしていた」

「空にはハゲタカが無数に飛びはじめた～追っ払ってもう追っ払っても、我々をあざ笑うかのように人肉をむさぼり食うさまは、地獄絵そのままであった」

◇インドネシア・モルッカ諸島ハルマヘラ島で――

第三十二師団（編成地・東京）が中国北部山東省の駐屯地から上海経由でフィリピン・ミンダナオ島に向かったのは昭和十九年（一九四四年）四月のことだった。戦況不利のなか、大本営は南方資源地域と日本本土との中間に位置するフィリピン防衛に最重点を置いたことによる。

師団将兵と軍馬「千三百余頭」を乗せた輸送船五隻がフィリピン・マニラに寄港したさい、目的地がハルマヘラ島に変更されたことを告げられた。船団も航海途上、一隻を米潜水艦による魚雷攻撃で失っていた。マニラ出港後もさらに一隻が喪失。軍馬計五百頭が海没した。

ハルマヘラ島周辺図

同年五月、ほうほうの体でハルマヘラに上陸できた軍馬は、その時点で「八百余頭」。その後、三百頭はフィリピンのセブ島とセレベス島への決死の船舶輸送に成功したものの、あとの「五百余頭」は、この「忘れられた」島で一頭また一頭と無為のうちに消滅していき、そのほとんどが二度と島を出ることがなかったのだった。

『ハルマヘラ戦記』（戦友会ハルマヘラ会）で同師団病馬廠付獣医官、胡桃沢友男中尉は書いている。

「これまで駐留していた中国大陸とは、気候、風土、地形等あらゆる点で違い過ぎ、馬を使って戦争するような所ではなかった」「馬は最初から無用の長物となり、師団にとって大変なお荷物だった」

それでも少ない要員で手を尽くし、あのラバウルでみられたような集中管理に似た方式が試みられている。しかし、餌不足はいかんともしがたく、上陸四ヵ月後の九月末には、早くも半数までに減ってしまったというから、随分と早い大量死である。死因は「その大部分が栄養失調といってよい有様」だった。火山島のジャングルに茂る草は硬くて栄養分に乏しかったのである。

空襲も厄介だった。青空の下でエサの草刈りをしようにも敵機機銃掃射の弾丸が容赦なく空から降ってくる。「青天井恐怖症」症候群は馬匹管理要員に共通することだった。

どうして目的地が急きょ変更され、こんな離島が選ばれたのだろうか。そのころから始まっていた米軍機によるフィリピン全域にわたる空襲の一時回避のためとも考えられるが確証はない。その後、こと軍馬に関する限り、マニラの軍司令部からなんの軍方針伝達や教示もなかったし、救済措置が取られたような形跡もない。

ハルマヘラ島の軍馬は、早い段階で見捨てられていたのだ。

『ハルマヘラ戦記』には「（終戦時）馬もこの頃にはほとんど死んでしまい、わずかに大陸馬（支那馬）が数頭残っていた」とある。

哀れ、ハルマヘラの軍馬。なんとも、空しい死であった。

◇タイ・ナコンナヨークで――

終戦と共にタイの首都バンコクに近いナコンナヨークに英軍司令部が開設され、バーンズ英陸軍中将が最高司令官として赴任してきた。ここには日本軍第三十七師団（編成地・熊本、久留米）の将兵約一万と軍馬約二千五百頭が抑留されていた。

すべての武装解除を見届けたバーンズ司令官は、次のような「冷酷無惨」なる命令を出したから、日本兵の間に衝撃の輪が広がっている。

「日本馬は銃殺し、大陸馬（支那馬）は撲殺せよ」

以下、偕行社援護委員会編『軍馬慰霊二題—栄光と悲惨—』（平成二十二年度戦没馬慰霊祭の栞）から——。


英軍側は直ちに日本馬の選別に取りかかっている。日本兵が手綱を取って引いてきた日本産軍馬を、英軍獣医官たちが「一頭につき一分間ぐらい」観察してのち、「キープ（生かしておけ）」「デストロイ（殺せ）」と判定を下す。「この言葉以外は一言も発せず」、それが各馬の運命を決めていった。

「キープ」と選定されて、英軍の乗馬用、地元タイ国への有償払い下げ、日本軍の雑役用として生き延び得たのは、わずか五十五頭に過ぎなかった。あとの圧倒的多数の千四百四十五頭は「銃殺」処分の対象とされた。

また、支那馬千頭余はこうした選別作業を経ることなく、全頭が「撲殺」の対象とされた。「銃殺」「撲殺」の区別、意味合い、その理由づけは全く分からない。

有無を言わせず、処分の即実行が命ぜられた。残酷なことに、英軍はその作業のすべてを旧飼い主である日本兵にやらせるのだった。ある山砲中隊では中隊本部付の先任曹長を長とする軍馬処理班を編成し、大きな穴を掘り、三人一組で処理に当たっている。英軍司令部は日本軍から接収したばかりの拳銃一丁と一頭に付き一発の割での弾丸を供与した。予備弾は与えられなかった。一発で苦しませず、あの世に送らなければならなかった。

「射手は口の中で『般若心経』を唱えながら引き金を引いた」

また、ある山砲中隊では「瞬時に死を与えて、彼らの功労に報いよう」と中隊長自らが射手を務めている。将兵と愛馬とは「物言わぬ戦友」同士であり、「こんな苛酷な別れが来よう」とは、思いも及ばぬことだったのだ。

「やり場のない悔し涙が止めどなく流れ落ちた」

支那馬の処理は十字クワやハンマーで馬のひたいの急所を打つことで実行された。

「馬も兵も、正にこの世の地獄であった」と記されている。

処分軍馬数、二千五百五十頭。のち、第三十七師団戦友会は、ここ、ナコンナヨークの地に戦死者とを合わせた慰霊塔を建てている。

生きて還りし馬Ⅰ

日露戦争・シベリア出兵時の軍馬の帰還

「五十万頭前後」といわれる未帰還馬に比べれば、ほんと、全く頼りない数字とでもいえる

日露戦争凱旋部隊の帰国。明治38年11月9日、大連港で日本に向かう丹後丸に乗船中の光景で、兵員(上)とともに軍馬(下)も、積み込まれているのがわかる(『日露戦争写真帖下巻』東京印刷株式会社、大正4年刊より)

のだが、わずかながらも還ってきた軍馬があった。落穂拾いに似た作業となるが、取り上げてみることにする。

ちなみに日露戦争の場合はどうだったかというと、手元の資料をチェックしてみただけでも、組織的に帰還手続きが取られていたことが分かる。「勝ち戦」だったからであろう。捕獲したロシア軍馬多数も、あのステッセル将軍から乃木将軍に贈られた白馬も含め、選別して日本まで運んでいる。

「将来内地民間ノ使用ニモ適セサル程度ノモノハ戦地ニ於

テ売却ス、支那馬ハ優秀ナルモノヲ除キ他ハ悉ク戦地ニ於テ売却ス～将来軍馬タルノ資格有セサルモ尚民間ノ使用ニ堪ユルモノハ凱旋後復員地ニ於テ売却ス」「出征部隊ノ凱旋スルニ当リ該鹵獲中繁殖ニ適スルモノハ各部団体毎ニ取纏メ臨時中央馬廠若ハ同支廠ニ交付スルコトト為シ此ノ繁殖用鹵獲馬ハ好個ノ戦役記念ナルヲ以テ悉ク全国各地方ニ配賦シテ産馬改良ノ用ニ供シタリ」（陸軍省『日露戦争統計集第11巻』）

また、大正年間に出動があったシベリア出兵でも次のような記録がみられる。

「馬匹ハ其所属隊ト共ニ内地ノ復員地ニ輸送シ編成管理官（第一師団長）ニ交付ノ手続ヲナスモノトス、而シテ馬名簿ハ馬匹交付ノ際之ヲ係員ニ交付スルヲ要ス」「馬復員地ニ到着セハ馬名簿ト共ニ編成管理官ニ交付シ其ノ日ヲ以テ馬丁解傭ス」（憲兵司令部編『西伯利出兵・憲兵史付録』図書刊行会復刻版）

手元のわずかな資料だけみても、日露戦争やシベリア出兵においては、もちろん戦闘や伝染病で倒れた馬も多かったのだが、後世みられるような取り上げるべき理不尽な扱いはなかった。そんな推量が成り立つようにおもわれる。

日支事変時の軍馬の内地還送

さて、問題の日中戦争（日支事変）から太平洋戦争にかけての「生還馬」の件である。本稿の前半部でいくどか登場してもらった原田一雄元獣医少佐『馬と兵隊』には次のような記述がみられる。

「ある一時期、メス馬だけを内地に帰還させる処置を講じたことがあった。『生（産）めよ、増やせよ』との時の政策によるものであったが、折角内地の土を踏んだこんな馬も、似島（広島）の検疫所まで来て、大陸でかかった悪性の伝染病のために、この島で処分される馬が多かった」

この文からすると、メス馬を計画的に日本内地に帰したことがあった。だが、せっかく広島の灯を見ながら、ここにあった似島の検疫所でチェックされ、「処分」されたことが分かる。ただし、全部がぜんぶ処分されたとは書かれていない。

あるいは、こんな資料がある。

「除役馬内地還送ノ件」と題する陸軍関係文書で、発信人は「支那派遣軍総参謀長・板垣征四郎」。あて先は「大本営陸軍兵站総監部参謀長・田中新一殿」。発信日時は太平洋戦争突入のちょうど十ヵ月前の「昭和十六年二月八日」となっている。

ここに出てくる板垣征四郎は当時、陸軍中将（のち陸軍大臣も務めた）。また田中新一は陸軍少将（のち中将）。共に当時の陸軍における大物だった。その二人が相談し合ったことは――。すこし長くなるが、『槍部隊史』から引用してみる。

「中支那方面各兵団ニ於テ保有スル老齢、虚弱、其ノ他恢復ノ見込ナキ痼疾等ノ為　軍役ニ堪ヘサルモ　尚農耕等軽度ノ雑役ニ使用シ得ヘキ資格劣等ノ日本馬約四、〇〇〇頭ノ内地補

充ニヨリ　差当リ除役ヲ必要トスルモノ約一、五〇〇頭アリ　右ノ内比較的資格良好ナルモノ約五〇〇頭ハ現地ニ於ケル邦人運送機関ニ貸与スル予定ナルモ　残余ノ約一、〇〇〇頭ヲ現地ニ於テ除役（屠殺）スルハ功労アル軍馬ノ末路トシテ忍ヒサルモノアルヲ以テ　内地ニ還送シ多少ナリトモ産業用ニ供シ度　之カ処置ニ関シ然ルヘク御配慮相煩度照会ス」

軍用としての任務には耐えられないが、民間産業用としては役立ちそうな軍馬が千五百頭いる。うち五百頭は中国内で商売している日本人経営の運送会社に貸与することにする。残りの千頭が問題だが、これまでの貢献度をおもうと処分するには忍びないものがある。そこで、モノは相談だが、日本内地に送り返して産業用として使ってもらおうと思うのだが、ちょいと面倒をみてもらえないだろうか——といった内容である。

その後、この件がどう進んだかは明らかでない。しかし、先の原田元獣医少佐の記述と合わせて考えた場合、こうした戦地軍馬の内地還送を促す動きがいくつかあったことを物語っていることは確かであろう。

太平洋戦争時の軍馬の帰還船

昭和十七年（一九四二年）五月二十一日、中国南部の黄埔港（現広州港）から日本内地に向け、一隻の輸送船が出ている。「五、六千トン」のその船は「馬匹専用船」に改造され、船倉には「三百頭」の軍馬が搭載されていた。

この船こそ、本稿が長いあいだ捜し求めていた軍馬の内地還送船だった。「五百頭以上」とする記事もある。以下、戦友会の話をまとめた尾崎竹四郎編著『駄馬中隊輜重兵の記―独立輜重兵第十九中隊史―』によれば――。

これら軍馬は日本軍の支配下にある広東省広州地区から集められた繁殖用メス馬ばかりだった。第十九中隊も三、四十頭の「優秀な」メス馬を選んで供出している。「戦地に徴用馬が余りにも多くひっぱられたので、日本内地の農耕馬が極度に不足し、(食料) 増産上大変なことになる」。そんな理由で輜重隊、砲兵隊などに馬匹供出の要請 (割り当て) があったからだった。

内地帰還産業用馬匹輸送要員という、えらく長い隊名の一隊が組織され、第十九中隊からも獣医将校はじめ十四、五名の兵隊が出ている。これら供出軍馬は広東にあった中学校校庭に集められ、出発前の検査に備えられた。

「防疫検査が厳しく、そら炭ソ病ではないか、そらザルコブトかいせん (日本にはなかった馬の皮膚病) ではないか、とえらい目にあった」「管理、管理と、明けても暮れても手入れ。石ケンつけて水洗い。南支 (中国南部) の水不足、これにはホトホト閉口した」

ここらあたり、先の原田一雄『馬と兵隊』で出てきた広島・似島における検疫所を意識したような記述がみられる。つけ加えれば、第十九中隊が「優秀な」メス馬をわざわざ選んだことといい、内地農村の窮状打破に馳せ戻る馬に病気のひとつでもさせたら申し訳ない、といった兵隊たちの健気なばかりの心理が手伝っていたようにも思われてならない。

そうした努力が実って、現地での検査に全頭がパス。晴れての船出となっている。『駄馬輜重兵の記』は、はずむように書いている。兵隊たちにとっても久し振りに見る懐かしい内地なのだ。

「東シナ海を日本に向けて航行、関門海峡を抜けて瀬戸内海へ。島々の黄色い菜の花畠。白い除虫菊の花ざかりを左右に見ながら、広島に到着。防疫検査を終え、一頭の損傷もなく、内地部隊に引継いだ。『おう、愛馬よ。日本だぞ。ふんわりしたワラにどっぷり寝られるぞ。青草もあきるほど食えるぞ』といって別れ、無事任務完了」

なお、農林省の研究用として広西（広東省の西）特産の馬五頭、広東犬五頭も、このとき同時に運ばれてきている。いずれも「珍種」として知られていたものだった。

生きて還りし馬Ⅱ

何頭が還って来たのか

さて、ここでは「三百頭」の軍馬が還送されたことになっているが、既述のように「五百頭以上」を乗船させたという話も出ていて、整理されておらず、あいまいなままになっているのは、ちょっぴり残念なことである。

それによれば、「内地の産業用馬匹が不足してきたので戦線から馬匹を内地に返す」ことになり、「わが隊（第十九中隊）からは馬匹三、四十頭が抽出され、他部隊馬匹約五百頭とともに……」とある。これに従えば還送馬数は総計「約五百三、四十頭」ということになってくる。

本稿としては、多ければ多いほど興味がわいてくるのだが、これまで引用した記事分は実際に船で同行してきた輸送要員によって書かれたものであることから、こちらの方、「三百頭」説を取り上げた。

それにしても「三百頭」とは——。

未帰還馬「五十万頭前後」と比較すれば、ほんと、ゼロに等しいちっぽけな数字なのだが、巷間伝えられる「一頭も還らなかった」という話からみれば、たいへんな数字といわなければならない。

さらに考えてみると、こうした馬匹供出の要請といったものは、なにも中国戦線の南方地区にいる部隊だけに限ったものではなかったろう、と思われることがある。ここらへん、『駄馬輜重兵の記』でも触れられているところだ。

「恐らく、満州、北支（中国北部）、中支にも割当があったと思う……」

要請でなく、「割り当て」という言葉が使われている。かなり強制的な響きを持つ。

もっといえば、当時は太平洋戦争緒戦のこととて、日本軍に海陸とも勢いがあり、米軍の潜水艦、航空機による攻撃をさほど心配する必要はなかった。事実、『駄馬輜重兵の記』を見ても、還送馬を乗せて日本内地に向かう洋上で敵攻撃を懸念、警戒する文面はない。

従って、この時期、「割り当て」を受けたどこの戦線においても（実行可能とみられる戦線に「割り当て」があっただろうし）、やろうと思えば、還送業務は比較的容易に出来たのではあるまいか。

以上からすると、本項冒頭に出てきた板垣征四郎支那派遣軍総参謀長の文書といい、原田元獣医少佐の話といい、実際にはもっと多くの還送馬が存在したのではなかったか——。

そんな疑念がかなりの確度でもって浮上してくることになる。

軍馬への勲章授与

もうひとつ、還送馬の実態に迫る手がかりがある。

昭和八年（一九三三年）五月十三日付東京朝日新聞は「護国の至誠は光輝ある軍人に劣らない軍用動物の名誉を表彰する『大臣功章』が出来て来る六月一日から無言の可憐な勇士に授けられる事になった」と報じている。

記事によれば、『勲章』は軍馬、軍犬、軍鳩に与えられるもので、「表彰規定」は次のようなものだった。

「戦時事変に限って抜群の功績があった」ものには軍人の金鵄勲章に当たる甲功章、「戦時事変や平素の演習で功績優秀なる」ものには旭日章に当たる乙功章、「永い間（軍務に）に服役して然も能力の落ちないもので功績顕著なる」ものは瑞宝章に当たる丙功章。
第一回表彰式は翌九年四月に行なわれ、軍馬関係では四十六頭（甲十六、乙八、丙二十二）に授与されている。以降、毎年四月と十月に表彰式が行なわれ、授章軍馬総数は昭和十七年四月の時点で千五百十六頭となっている。（同年四月七日付大阪朝日新聞）
この表彰式は戦局が緊迫度を加えるに従い、徐々に規模縮小となっていくのだが、問題は、それまでの表彰の場にどれだけの被表彰馬が参加し得たか、ということになる。
と、まあ、ここまで引っ張ってきておいて申し訳ない話になるが、本稿ではその数はつかめていない。
こんなハナシがあることはある。
「功労章を授与された馬たちは、退役後、軍馬慰霊祭や博覧会に出場し、軍馬の功績をひろめ、『愛馬精神』を涵養することに寄与させられた」（森田敏彦『戦争に征った馬たち』）「よく『戦争中、大陸に渡った軍馬で、日本に帰った馬はいなかった』といわれることがあるが、これは正しいとはいえない。軍功章を受けた一五〇〇〇頭以上の馬は内地に送還され、神馬になったり、故郷の牧場に帰ったり、また軍馬愛護協会によって民間の篤志家に預けられたりして、余生を全うしている」（元競馬放送解説者、エッセイスト早坂昇治『馬たちの33章』）
失礼ながら、後者の思い入れ（典拠は示されていない）は如何なものであろうか。例えば、

〔上〕功章をつけた軍馬。右から甲功章、乙功章、丙功章を額につけている。
〔左〕軍馬の功章。上から甲功章、乙功章、丙功章で、それぞれ人間の勲章なら金鵄勲章、旭日章、瑞宝章に当たる（いずれも『愛馬読本』より）

甲功章対象の馬は戦地にいる軍馬なのである。おいそれと、「全員集合」「集まりましたか」「はい、並んで」というわけにはいかないのは自明であろう。「驚いたことに、武功賞（軍功章）をもらった馬が（第一線に）ごろごろいた」。そんな内容の戦記がいくつか散見されるのだから、なおさらである。

従って、ここでは、日中戦争初期から太平洋戦争末期にかけての日本内地への還送馬総数は、いまのところ、先の「三百頭」とプラス・アルファ（おそらくは数十頭）としかいいようがないようにおもわれる。

勝山号の帰還

歴戦の軍馬の帰還

昭和十五年（一九四〇年）三月二十日付朝日新聞は「勝山《かつやま》号に感謝する会」との見出しで、記事①のような「お知らせ」を掲載している。さらに同年四月二十三日付の新面でも記事②のような「勝山号お目見得」という見出しで、関連記事が続いている。（次ページ参照）

「二十二日朝からお馴染みの勝山号はじめ豊秋《とよあき》号、滝泉《たきいずみ》号の三功労馬も（靖国神社の）社殿に向かって右側の臨時に建てられた厩舎で額に飾った功労賞も誇らしく遺族の前にお目見得をはじめた」

勝山号の功績については、記事①で読み取れると思うが、ほかの二頭に関する記事②は活字が小さいので抜書きしてみると、

「勝山號」に感謝する會

☆…三十日午後一時から日比谷公園廣場で

今事變に出征、三度も傷を受けながら、ひるまず働いて甲功章を頂いた軍馬「勝山號」に感謝する會が三十日午後一時から本社主催で日比谷公園新音楽堂で行はれます。(雨天の際は翌日)左の歌は勝山號のいさをを讃へる歌で當日も歌はれます。

童謡「勝山號をたゝへませう」

サトウハチロー作詩

(1)
おぼえてゐますか　ゐますとも
勝山號の　はたらきを
三度も傷を　受けながら
進み進んだ　いさましさ
みんなでたたへよ　そのいさを

(2)
三人までも　部隊長
乗せて元氣に　彈丸の中
トーチカクリーク　なんのその
進み進んだ　いさましさ
みんなでたたへよ　そのいさを

(3)
ものは言へない　お馬でも
國をおもふは　心ひとつ
戰野のたてがみ　なびかせて
進み進んだ　いさましさ
みんなでたゝへよ　そのいさを

(4)
晴れて輝く　甲功章は
今こそたゝへよ　そのいさを
胸に光る　甲功章
とはに消えない　この名譽
ほんとに立派な勝山號

昭和15年3月20日付
朝日新聞〈記事①〉

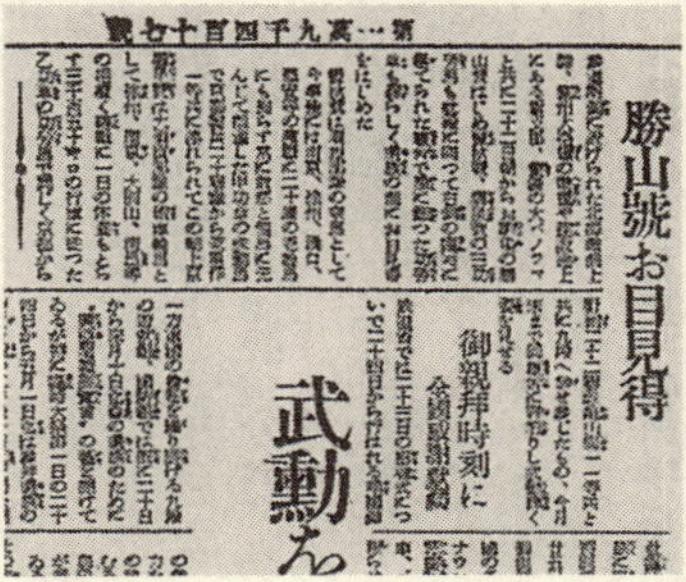

第一萬九千四百七十號

勝山號お目見得

御親拜時刻に

武勲

昭和15年4月23日付
朝日新聞〈記事②〉

勝山号ブロンズ像（えさし郷土文化館で）

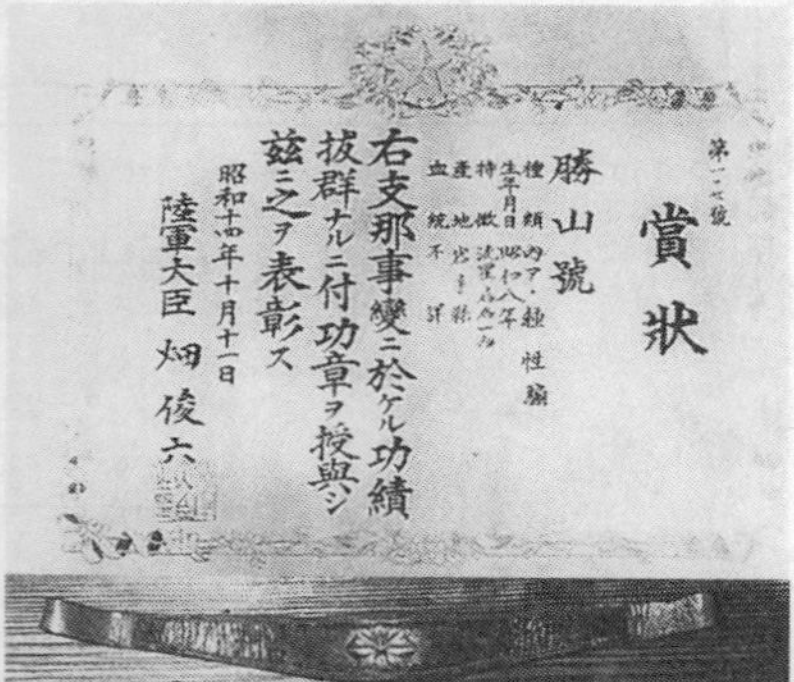

勝山号に授与された賞状と
甲功章（『遠い嘶き』より）

「豊秋号は須藤部隊の乗馬として今事変（日中戦争初期）には南京、徐州、漢口、徳安等の激戦に二十歳の老齢馬にもかかわらず常に敢然として他馬に先んじて前進した甲功章の殊勲馬で京都騎兵二十連隊から乾勇作一等兵に連れられてこの朝上京」

「滝泉号は大須賀部隊の砲車輓馬として徐州、南京、大別山、南昌等の相次ぐ転戦に一日の休養もとらず三千百五十キロの行軍に従った乙功章の功労馬で同じく京都から野砲二十二連隊亀山尚一一等兵と共に九段に馳せ参じたもの。今月末まで同厩舎に寝泊りして武勲輝く姿を見せる」

その後の追跡取材で、この日本内地帰還を果たした功労馬三頭のうち、勝山号については貴重な資料を得ることができた。

取材時、岩手県江刺市岩谷堂の「えさし郷土文化館」に小さな馬の像が展示してあった。「勝山号ブロンズ像」とあり、次のような説明文がついていた。

「江刺で育ち、中国大陸を歴戦した軍馬。部隊長の乗馬。体内に銃弾の破片をかかえながら、戦後、ふるさとの土を踏むことができた、ただ一頭の馬、勝山号」

文化館の朝倉薫館長（当時）によれば、ブロンズ像は一関市出身の彫塑家伊藤國男の作品で、高さ三十九センチ。勝山号は岩手の産。中国大陸で戦い、三度負傷。この功で軍馬としては最高の栄誉である軍馬甲功章をもらい、奇跡的に内地帰還できた馬です――。そんな話だった。

なお、第五章「盲目馬の戦場」の項で記した盲目馬三扱号も、前年の昭和十四年、この甲功章を受け、東京・日比谷公園で開かれた軍馬祭の会場で表彰されている。このとき、被表彰馬は三扱号と合わせて三頭だった。翌年の勝山号の場合も三頭だったから、これで少なくとも計六頭が内地帰還していたことになる。

勝山号の従軍記録

元江刺文化懇話会の菊池一夫元理事長＝写真＝は、この勝山号のかつての飼い主である伊藤家の当主・伊藤貢さん（故人）と親しかった。伊藤貢が勝山号の「従軍記録」を残したいとの希望を持っていると聞き、一冊の本にまとめることを勧めている。

菊池元理事長は元第十九師団工兵第十九大隊に入隊後、朝鮮半島北部で初年兵時代を過ごした。直接、軍馬との接触はなかったが、馬には愛着があった。元曹長。

「岩手は古くからの馬産地。馬にかかわる民俗文化が多い。いまでも『チャグチャグ馬こ』といった行事もみられる。軍に徴発されて戦地に行った馬は数え切れません」

そんなこんなで、勝山号にも無関心でおられなかったのである。

平成四年（一九九二年）十二月、伊藤貢の苦労は、自費出版ながら『遠い嘶《いなな》き―軍馬勝山号回想記―』となって結実した。

菊池元理事長はその序文に書いている。

「いま、こうしてまとまったものを見ると、我々の知らない点、勝山号の素晴らしさが次々と胸をうってくる。良くやってくれた、とその労をねぎらうと共に勝山号の鎮魂のためによかったと安堵するのである。従軍という大きな任務を果たし、自宅のワラの上での永眠、いまやまさしく『馬頭観音菩薩』であると思う」

以下、『遠い嘶き』から――。

勝山号は昭和八年（一九三三年）五月、岩手県九戸郡軽米町の産のオス馬。父馬はアングロノルマン種で馬名をアノ・ランタンタンといったことから、この子馬も「第三ランタンタン」と名づけられた。これを買い取った伊藤家では、縮めて「ランタン」との愛称で呼ぶことにしている。（軍馬となって、軍が勝山号と名づけた）

三年間、農耕馬として伊藤家で飼育された。洋馬の血統だったせいか、背は高く、足の「つなぎ（足首）」がしっかりしていた。性格は素直。「鷹揚なところ」があった。その珍妙な馬名もあって、近郷近在では人気者だった。このころ去勢されている。

十二年（一九三七年）七月、日中戦争となって、軍は大量の軍馬を必要とした。同年九月、ランタンにも例の馬匹徴発告知書がきた。指定された馬匹検査場で、陸軍側の照合係が「次は第三ランタン号」読み上げたあと、あわてて「いや第三タンタン号です」と訂正。三度目でやっと正確な馬名をいったから、場内、どっと沸いている。

ランタンこと勝山号はすぐ戦場に送られた。第一師団歩兵第一連隊の連隊副官の専用馬となっている。上海、蘇州、徐州といった激戦場をくぐっているうち、二度にわたって首部（頸部）と腰をやられた。乗っていた副官と次に乗った部隊長も相次いで戦死した。

ようやく傷も癒えて戦列に復帰した十三年八月、こんどは廬山

菊池一夫

の戦闘で三度目の負傷をした。銃弾が左目上部を貫通していた。乗り手三代目の部隊長は戦死。「もしワシが先に死んで馬が生き延びるとしたら、この馬に金鵄勲章をもらってやってくれ」と常々話していたということだ。金鵄勲章は兵隊でいうと、最高の名誉ある勲章だった。

勝山号は重体となったが、六ヵ月にも及ぶ治療を受け、「奇跡的」に助かった。そして三度目の戦線復帰を果たし、南昌攻略戦にも参加している。

そのころ、日本内地では「愛馬進軍歌」が歌われていた。

お前の背なに日の丸を　立てて入場この凱歌

兵に劣らぬ天晴れの　勲は永く忘れぬぞ（三番、作詞・久保井信夫）

勝山号もまた、十四年三月、部隊長乗馬として堂々の南昌入場を果たしたのだった。

凱旋、そして故郷へ

十五年十月一日、連隊は日本内地に凱旋することになった。そのさい、連隊では勝山号を船に積み込み、一緒に船出している。

「帰還部隊は軍馬を連れて帰らないで交替の部隊に引き渡すのが原則だった。馬の船積みは一頭ごと起重機で吊り上げなければならず、船底の仮厩舎設置、検疫など考えれば、時間と費用のロスになるからだった」（勝山号の場合でさえこうだったから、表彰式に出ることが主

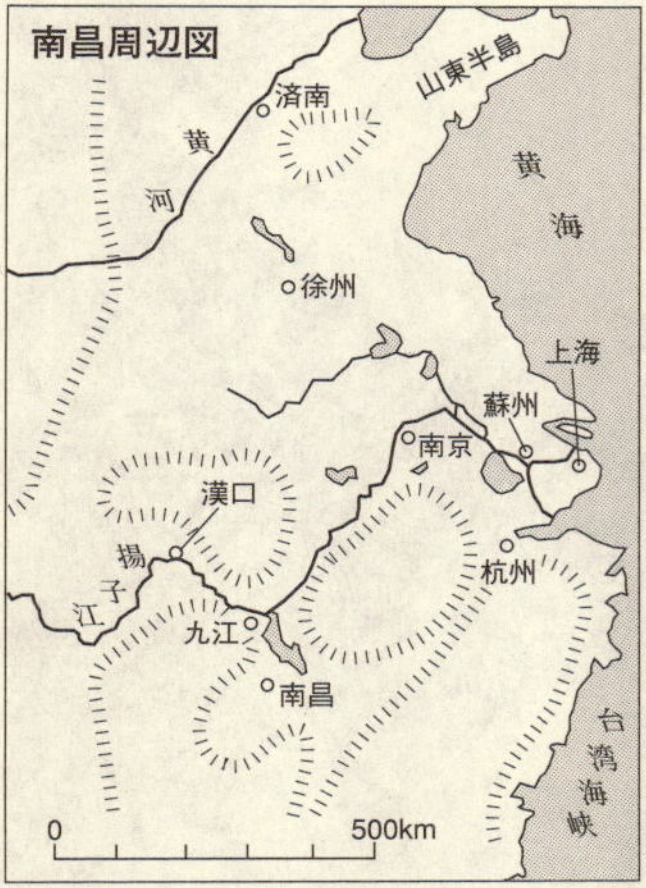

目的の功労馬内地還送がいかに容易ではなかったかがうかがえる）

このため、勝山号還送に当たっては「軍上層部や部隊長の特別な計らい」があったものとおもわれる。「何十万という無名のまま果てた軍馬に比べれば幸運なこと」であった。

その後、東京・赤坂の歩兵連隊で部隊長専用馬となって過ごしている。ただ、左目上部を貫いた銃弾による障害が残っていたことから、部隊長は「愛馬をいたわって」外出のさいは自動車を使っていたというハナシが残っている。

連隊に「ランタン」がいると聞いた伊藤家の父親が上京。はるばる岩手土産のニンジンをぶら下げて会いたいと申し出たのだが、営門の番兵が「なにぃ、馬に面会だとおーっ」。馬に面会など聞いたことがない、と目をむいたという話もある。

その後は、最初に紹介した「勝山号に感謝する会」「靖国神社でのお目見得」の場面となってくる。だが、やがて、終戦――。

そんな事情これあって、連隊では当時あった陸軍の外郭団体の日本馬事会を通じ、伊藤家あて軍馬勝山号の返還を伝えてきている。

そこで、連隊所在地の川崎・溝ノ口に出かけ

内地帰還を果たした勝山号（『遠い嘶き』より）

た伊藤家の人びとは勝山号を受け取ると、国鉄東神奈川駅まで徒歩十時間。ここで国鉄の貨車に勝山号を乗せ、帰りだけでも四泊五日の旅となっている。

感動的な場面があった。

勝山号が国鉄東北本線水沢駅で下ろされて、いよいよかつての「懐かしのわが家」に近くなったさい、様子が変わったことだ。

その昔、家人を乗せ、なんども歩いた道である。

試しに手綱を放してやると、とっとっとっ。夕暮れの道を早駆けで行く。五差路も別れ道も迷わずにたどって行く。丸八年の空白はなんでもなかったのだ。やがて、追いつけないほどの早足となった。

「イホホホホ、イーホホホ」と二声。うれしそうにいなないた。

家の前では家族総出で提灯をかかげて待ちわびていた。そして、その提灯の明かりのなか、勝山号の二つの目に大きく光る「水玉」を見たのだった。

軍馬勝山号の墓

終戦から二年目の二十二年（一九四七年）六月、勝山号は死んだ。

急に足にもつれが出て、首が妙に揺らぎはじめた。元獣医少佐の獣医によれば、迫撃砲弾でやられた頸部神経障害の再発、ということだった。獣医は元第二百二十二師団（通称号・八甲。編成地・弘前）の獣医部長だった。

解剖の結果、やはり頸部から「三、四センチ」の迫撃砲弾の破片が出てきた。この破片で「主要な神経のどれかが切断されて」いたようだった。「痛みは続いていたと思われます」と獣医はいった。

「戦場から自宅に戻った軍馬は、恐らく勝山号だけだったでしょう。いや、内地部隊の馬でも自宅に戻っていないはずです」

勝山号は戦後もなお、頑張り続けていたのだ。

その最後を、この獣医は、直立して軍隊式「挙手の礼」でもって見送っている。

伊藤貢は、敗戦直後の軍事色追放の世相だったが、あえて、「軍馬　勝山号之墓」と墓標に書いた。

読経を終えた寺の和尚が、しみじみといっている。

「貢さん、勝山号は馬頭観音さんになったのス」

いま、勝山号の墓があった場所は工業団地になっていた。暑い日差しに夏草が揺れていた。

あとがきにかえて

馬に乗ったことがある。

あの「進化論の島」ガラパゴスに取材で出かけたさい、野生ガラパゴスゾウガメの生息地に行くには「馬しかありません」なんていう。そこで乗馬クラブ（?）的なところで、カメラマンの分と合わせ、二頭を借りることにした。二人とも初体験だったが、ほかに手段がないとあっては、えいやっと、踏み切らざるを得ない。

馬にとっては迷惑至極な乗り手だったに相違ない。手綱の取り方すらわからないから、なにかあるたびに、ぐいと引っ張ってしまう。そのたびに大きく頭をのけぞらし、でかい目で当方をにらむのだ。その血走った目が若干穏やかになったころ、取材は終わった。

本稿「馬あれこれ」を書いているうち、その目ン玉を思い出したのは、「そういえば同じ似たような状況だったな」と初年兵の皆さんの御苦労が、ほんの少しだけだが分かるような気がしたからだった。馬は面白い。ガラパゴスでの乗馬行はいい体験だったな、といまでも思っている。念のため述べさせていただくと、落馬はしませんでした。

もっとも帰りはたいへんだった。てれてれと歩いていたのが、原っぱの向こうに厩舎が見えはじめたところで、だんだん足を速め、おしまいには「ヒー、ホッホホ」といななきながら、(主観的には)それこそ「宙を飛ぶ」ような按配になったのには参ってしまった。

出張旅費の清算がまた、たいへんだった。「馬を雇った」なんて聞いたことがない、と会社の窓口氏が頑張るのだ。で、激戦となったのだが、エライ人が出てきて「そういえば、昔、戦時中、機関車一台をチャーターしたという豪傑従軍記者がいたと聞いたことがある」とか言い出して、一件落着となったのはちょっぴりオカシかった。

取材していると、ほんと、のめり込むように「軍馬」を語られる方によくお会いした。埋もれたままにしておくには惜しい話が多々あった。以下、見せていただいた資料や手元の記録を合わせ、いくつか落穂拾いしてみると――、
▽「厩当番が馬のワラを運ぶ。その中に馬の腹を一度通った、こなれない麦がたくさん入っている。厩当番が寝ワラを運び出す時間になると、部落民、子供等がザルを持って集まり、寝ワラの中にまじって、しかも馬の腹を通った麦をザルの中に争って入れるのである。たまたま歩哨に立ったが、この馬糞をどうするのか聞いてみた。それは『クリーク』でよく洗い、

煮て食べるのだという。馬糞の中の麦でも、当時南支（中国南部）住民にとっては貴重な食料であったらしい」（『輜八三追想録』）

「兵たちはあらゆる手段で食い物をあさった〜目をつけたのは馬糧のトウモロコシであった」「煮たり焼いたりしてみたが極度に乾燥していたから、馬糧にはなっても、我々の歯では噛み砕けなかった。ところが、馬糞にまじっている不消化のトウモロコシは、形も色艶も硬さも申し分なかった」「集めて焼いて食べる。汚いなどと言っていられなかった」（軽部茂則『インパール』現代史出版会、徳間書店発売）

▽「馬には食塩の補給は欠かせない。塩を不足すると塩分欲しさに、他馬の汗の出た身体の乾いた塩分をなめるようになる。行軍しながら後ろから相手の尻尾の付け根をなめることになるが、なめられた方の馬の尻尾は、なめられる度に尻尾をガリガリかじられるので、段々毛が少なくなって、長期間戦闘を続けている部隊の馬の尻尾は、全部ネズミのようになり、痛々しく見えることがある」（原田一雄『馬と兵隊』）

「良口会戦のわが連隊の成果の一つに馬の頑張りを挙げることができる〜不完全な駄鞍による鞍傷馬の続出。馬糧も欠乏し行軍時、前の馬の尻尾をなめて塩分を補うので、馬の尾がみんな短くなってしまった」（『山砲兵第38連隊史』）

▽「河の中央に来かかると、同じ小隊の兵が立ち往生しているじゃありませんか。聞いてみると、馬が引いても、たたいても全く動かないというのです。仕方なく向う岸で待ってるか

らと言い残して河を渡り岸壁で待っていたところ、しばらくして来たのは兵一人だけ。馬はと聞くとその答えは、ちょうどそこへ来かかった軍本部の獣医部長閣下が診察し、寿命なしと判断し、射殺の上、兵が罪にならぬよう、現認証を書き渡していったというのです」(『孫たちへの証言⑥』新風書房から)

「(馬の伝染病が発生し)小生の愛馬北風号も殺処分されたという。驚いた。まだ擬似馬が十数頭いることを聞き、早速擬似馬の病名を変えて防疫廠に血液検査を依頼した結果、陰性とわかり、さては計られたなと憤りを感じた」「防疫廠で伝染馬を発見すると功績になるので、その手を使ったものと推察された。名馬ばかり二十数頭の殺処分は惜しいことだった」(尾崎竹四郎編著『駄馬輜重兵の記』)

▽「馬の飲む水量は人間の比ではない。しかし、普通の部落には、大体そこの住民が常必要とする量に応じた井戸しかないから、到底足りず、そこで近くの川や隣部落の井戸にくみに行くのだが、これが時には往復一キロ近いこともある。疲れ切った人間にとって本当に苦役である」「中国のある村長さんが、日本軍というのは水さえくんでやれば絶対に危害を加えないことに気づき、輓馬隊が来れば村民総出で水をくんでやり、そのかわり部隊長に一筆書かした」「『当村民は皇軍に絶大な協力を示せり。従って通過諸部隊は~最大の配慮を賜りたし』と書いて~署名し大きな部隊印を押した書類を渡してくれとの意味である」(山本七平『私の中の日本軍・上』文藝春秋)

軍馬、馬の話は尽きない。

本書をまとめるに当たっては、本文中に登場していただいた方はじめ、多くの方々にお世話になった。本文中に記した諸文献には大いに勉強させていただいた。ありがとうございました。引用文献はその都度、発行元を明記したので、ここで改めて列挙しないが、発行元の明示がないのは、非売品もしくは自費出版物である。また、戦中、戦前発行の文献には、そのころの時代の雰囲気を少しでも感じていただければ、と、原則として「発行年」をつけ加えてある。

編集に当たっては光人社・坂梨誠司氏の適切な助言があった。

平成二十四年（二〇一二年）二月

土井全二郎

単行本　平成二十四年三月　光人社刊

NF文庫

軍馬の戦争
二〇一八年四月二十四日 第一刷発行
著 者 土井全二郎
発行者 皆川豪志
発行所 株式会社 潮書房光人新社
〒100-8077 東京都千代田区大手町一-七-二
電話/〇三-六二八一-九八九一代
印刷・製本 凸版印刷株式会社
定価はカバーに表示してあります
乱丁・落丁のものはお取りかえ致します。本文は中性紙を使用
ISBN978-4-7698-3064-1 C0195
日本音楽著作権協会(出)許諾第1801717-801号
http://www.kojinsha.co.jp

NF文庫

刊行のことば

第二次世界大戦の戦火が熄《や》んで五〇年――その間、小社は夥しい数の戦争の記録を渉猟し、発掘し、常に公正なる立場を貫いて書誌とし、大方の絶讃を博して今日に及ぶが、その源は、散華された世代への熱き思い入れであり、同時に、その記録を誌して平和の礎とし、後世に伝えんとするにある。

小社の出版物は、戦記、伝記、文学、エッセイ、写真集、その他、すでに一、〇〇〇点を越え、加えて戦後五〇年になんなんとするを契機として、「光人社NF（ノンフィクション）文庫」を創刊して、読者諸賢の熱烈要望におこたえする次第である。人生のバイブルとして、心弱きときの活性の糧《かて》として、散華の世代からの感動の肉声に、あなたもぜひ、耳を傾けて下さい。